MIX
Papier aus verantwortungsvollen Quellen
Paper from responsible sources
FSC® C105338

Julia Förster

Cybermobbing am Arbeitsplatz

Präventive und intervenierende Maßnahmen für Führungskräfte

Diplomica Verlag GmbH

Förster, Julia: Cybermobbing am Arbeitsplatz: Präventive und intervenierende Maßnahmen für Führungskräfte, Hamburg, Diplomica Verlag GmbH 2013

Buch-ISBN: 978-3-8428-9745-8
PDF-eBook-ISBN: 978-3-8428-4745-3
Druck/Herstellung: Diplomica® Verlag GmbH, Hamburg, 2013
Covermotiv: © Picture-Factory - Fotolia.com

Bibliografische Information der Deutschen Nationalbibliothek:
Die Deutsche Nationalbibliothek verzeichnet diese Publikation in der Deutschen Nationalbibliografie; detaillierte bibliografische Daten sind im Internet über http://dnb.d-nb.de abrufbar.

Hermannstal 119k, 22119 Hamburg
http://www.diplomica-verlag.de, Hamburg 2013
Printed in Germany

Inhaltsverzeichnis

1 Einleitung

1.1 Problemstellung

Schätzungen zufolge sind rund 1-1,5 Millionen Arbeitnehmer in Deutschland täglich Opfer von Mobbinghandlungen am Arbeitsplatz. Experten gehen davon aus, dass viele Arbeitnehmer darüber schweigen. Daher gibt es keine genauen Zahlen darüber, wie viele tatsächlich als Opfer von einem Mobbingkonflikt betroffen sind.[1] Die Dunkelziffer liegt vermutlich höher als die statistisch ermittelten Zahlen. Hinzu kommt eine spezielle Form des Mobbings, das Cybermobbing, bei dem Mobbinghandlungen unter der Nutzung von Kommunikationstechnologien stattfinden.[2] Das Phänomen des Cybermobbing ist in Deutschland zwar nicht unbekannt, wird jedoch selten als auftretender Konflikt[3] in der Arbeitswelt thematisiert. Über die von Cybermobbing betroffenen Arbeitnehmer in Deutschland gibt es weder Schätzungen noch Statistiken. Konflikte sind jedoch überall dort unvermeidlich, wo Menschen zusammenkommen und können sich negativ auswirken, wenn sie nicht gelöst werden. Am Arbeitsplatz auftretende und länger anhaltende Konflikte können nachweislich zu diversen Erkrankungen des Opfers führen.[4] Eine schlechtere Arbeitsleistung des Opfers ist eine weitere Auswirkung, die ein ungelöster Konflikt mit sich bringen kann.[5] Dadurch ergeben sich auch negative Auswirkungen auf das Unternehmen. Dies stellt Führungskräfte bei der Mediennutzung von Mitarbeitern vor eine besondere Herausforderung. Sie sind gezwungen, sich mit dem Thema Cybermobbing am Arbeitsplatz auseinanderzusetzen, entstandene Konflikte zu lösen und präventive Maßnahmen zu ergreifen, um Cybermobbing weitgehend zu unterbinden und langfristig den Erfolg des Unternehmens zu sichern.

---

[1] Vgl. *Ollenik, Jochen,* Mobbing am Arbeitsplatz, http://www.ruv.de/de/r_v_ratgeber/ausbildung_berufseinstieg/karrieretipps/6_mobbing.jsp, Juli 2012, abgerufen am 29.07.2012.

[2] Vgl. *Kowalski, Robin M./Limber, Susan P./Agatston, Patricia W.*, Cyberbullying, Bullying in the Digital Age, Oxford (Blackwell Publishing) 2. Aufl. 2012, 196.

[3] „Conflict is the process that is initiated when an individual (...) feels negatively affected by another person." *Cisneros, Francisco, J. et al.*, Conflict and Affective Reactions in Tourism Organizations, in: *Kusluvan, Salih*, Managing Employee Attitudes and Behaviors in the Tourism and Hospitality Industry, New York (Nova) 2003, 761-785,762.

[4] Vgl. *Schiller-Stutz, Klaus*, Systematische Betrachtungsweise und Lösungsansätze bei psychosozialem Stress und Mobbing am Arbeitsplatz, in: *Arentewicz, Gerd/Fleissner, Alfred* (Hrsg.), Arbeitsplatzkonflikte, Mobbing als Psychoterror am Arbeitsplatz. Ursachen, Folgen und Formen der Hilfe, Frankfurt am Main-Bern (Peter Lang) 2003, 431-445, 431.

[5] Vgl. *Badura, Bernhard et al.*, Fehlzeiten-Report 2009, Arbeit und Psyche: Belastungen reduzieren – Wohlbefinden fördern, Heidelberg (Springer) 2010, 134.

1.2 Zielsetzung

Beim Auftreten von Cybermobbing am Arbeitsplatz nehmen Führungskräfte eine zentrale Rolle ein. Als eine wichtige Ursache des Mobbings wird häufig „die eklatante Führungsschwäche der Chefs in vielen Betrieben“[6] genannt. Ziel dieser Studie ist es daher, die Rolle der Führungskraft und ihre Handlungsmöglichkeiten bezüglich des am Arbeitsplatz auftretenden Cybermobbings kritisch zu analysieren. Es soll herausgefunden werden, inwieweit Führungskräfte sich aufgrund ihrer Position in der Verantwortung sehen, bei Cybermobbingkonflikten einzugreifen bzw. diese im Vorfeld zu verhindern und welche Maßnahmen dafür zielführend sind. Der Fokus liegt dabei nicht ausschließlich auf den intervenierenden, sondern auch auf den präventiven Maßnahmen, die von Führungskräften ergriffen werden können, um Cybermobbing am Arbeitsplatz zu unterbinden bzw. weitgehend zu verhindern.

[6] *Thomas, Rudolf F.*, Chefsache Mobbing, Souverän gegen Psychoterror am Arbeitsplatz, Wiesbaden (Gabler) 1993, 12.

2 Theoretische Grundlagen

2.1 Klärung des Begriffs Mobbing

2.1.1 Definition des Begriffs Mobbing

Der Begriff des Mobbings stammt vom englischen Wort „mob", das in der deutschen Übersetzung „zusammengerotteter Pöbelhaufen" bedeutet. Im angelsächsischen Sprachraum etablierte sich dagegen „bullying" als Synonym für Mobbing, das unter anderem mit „tyrannisieren" übersetzt wird. Bereits 1958 wurde der Begriff des Mobbings von einem Verhaltenswissenschaftler verwendet, der damit das Angriffsverhalten einer Tiergruppe gegenüber einem einzelnen Tier beschrieb. Nach ähnlichen Beobachtungen bei Kindern etablierte sich der Begriff des Mobbings in den 60er Jahren durch einen schwedischen Mediziner bis er schließlich in den 80er Jahren erstmals von *Leymann* verwendet wurde, um Psychoterror am Arbeitsplatz zu beschreiben. Seine Definition des Mobbings hat bis heute Allgemeingültigkeit.[7]

<u>Allgemeine Definition</u>
„Der Begriff des Mobbings beschreibt negative kommunikative Handlungen, die gegen eine Person gerichtet sind (von einer oder mehreren anderen) und die sehr oft und über einen längeren Zeitraum hinaus vorkommen und damit die Beziehung zwischen Täter und Opfer kennzeichnen."[8]

Konkret ist Mobbing dann gegeben, „wenn eine oder mehrere von 45 genau beschriebenen Handlungen[9] über ein halbes Jahr oder länger mindestens einmal pro Woche vorkommen."[10] Diese Handlungen hat *Leymann* in fünf Gruppen eingeteilt und als Angriffe bezeichnet, die sich konkret auf die Möglichkeit sich mitzuteilen, soziale Beziehungen, soziales Ansehen, die Qualität der Berufs- und Lebenssituation sowie auf die Gesundheit beziehen.[11] Bei der Ausübung des Mobbings gibt es verschiedene Formen. Physisches Mobbing liegt vor, wenn körperliche Handgreiflichkeiten (z. B. Schläge) vorgenommen werden. Beim verbalen Mobbing konzentriert sich der Konflikt auf die verbale Ebene (z. B. Beleidigungen). Eine andere Form ist das relationale bzw. indirekte Mobbing. Hiervon wird gesprochen, wenn die

---

[7] Vgl. *Kolodej, Christa*, Mobbing, Psychoterror am Arbeitsplatz und seine Bewältigung, Wien (Facultas) 2005, 21.

[8] *Leymann, Heinz*, Mobbing, Psychoterror am Arbeitsplatz und wie man sich dagegen wehren kann, Reinbek (Rowohlt) 14. Aufl. 2009, 21.

[9] Vgl. Anhang, 74-75.

[10] *Leymann, Heinz*, Mobbing, Psychoterror am Arbeitsplatz und wie man sich dagegen wehren kann, Reinbek (Rowohlt) 14. Aufl. 2009, 22.

[11] Vgl. *Leymann, Heinz*, Mobbing, Psychoterror am Arbeitsplatz und wie man sich dagegen wehren kann, Reinbek (Rowohlt) 14. Aufl. 2009, 23.

Gründe der Ausübung von Mobbinghandlungen im Ausschließen aus einer sozialen Gruppe, dem Zerstören sozialer Beziehungen oder in der Manipulation anderer Menschen zum Schaden des Opfers liegen.[12] Im Folgenden dieser Studie ist dem Begriff „Mobbing" die Definition von *Leymann* zugrunde zu legen.

2.1.2 Abgrenzung des Begriffs Cybermobbing

2007 wurde der Begriff des Cybermobbings in Deutschland weiträumig bekannt. In der angloamerikanischen Forschung wird Cybermobbing jedoch seit 1999 untersucht. Bis heute gibt es keine allgemeingültige Definition des Cybermobbings. Daher wird die Definition des traditionellen Mobbings (vgl. 2.1.1) oftmals auf das Cybermobbing übertragen, indem die kennzeichnenden Medien des Cybermobbings (Internet und Mobiltelefon) hinzugefügt werden.[13] Von Cybermobbing wird demnach erst dann gesprochen, wenn Merkmale des traditionellen Mobbings im Bereich der Medien auftreten. Dennoch grenzt sich das Cybermobbing vom traditionellen Mobbing ab.

Der größte Unterschied liegt darin, dass Cybermobbing in einer **virtuellen Welt** durch Kommunikationsmedien stattfindet. Mit dem Satz „I can't see you – you can't see me"[14] fasst *Willard* den fehlenden direkten Kontakt in der virtuellen Welt zusammen. Dieser ermöglicht dem Täter das Agieren in vollständiger **Anonymität**, sodass das Opfer in den meisten Fällen nicht identifizieren kann, von wem das Cybermobbing ausgeht. Auch die **Zuschauer** spielen beim Cybermobbing eine wesentliche Rolle. Auf der einen Seite kann Cybermobbing versteckter stattfinden als traditionelles Mobbing, wodurch das helfende Eingreifen von Außenstehenden schwieriger wird. Auf der anderen Seite steigt jedoch auch die Zahl der potenziellen Zuschauer, da eine mediale Verbreitung rasch eine größere Zahl von Menschen erreichen kann.[15] Außerdem kommt es beim Cybermobbing zu einer **Entkörperlichung**, sodass nonverbale Zeichen wie Mimik und Gestik anders, z. B. durch Codes, dargestellt werden müssen. Die Kommunikation im virtuellen Bereich findet hauptsächlich in Schriftform statt, wodurch die **Textualität** ebenfalls kennzeichnend für Cybermobbing ist. Zudem sind die **Entzeitlichung** bzw. **Enträumlichung** weitere wichtige Merkmale. Das bedeutet, dass Menschen unabhängig vom geografischen Ort, und bei asynchroner Kommunikation auch unabhängig von der Zeit, miteinander kommunizieren können. Im Gegensatz zum

---

[12] Vgl. *Wachs, Sebastian*, Bullying unter Schülern, Eine empirisch-quantitative Untersuchung unter besonderer Berücksichtigung des Cyberbullyings, Saarbrücken (VDM Verlag) 2009, 13.

[13] Vgl. *Fawzi, Nayla*, Cyber-Mobbing, Ursachen und Auswirkungen von Mobbing im Internet, Baden-Baden (Nomos) 2009, 30-31.

[14] *Willard, Nancy, E.*, Cyberbullying and Cyberthreats, Responding to the Challenge of Online Social Aggression, Threats, and Distress, New York (European Research Press) 2007, 73.

[15] Vgl. *Fawzi, Nayla*, Cyber-Mobbing, Ursachen und Auswirkungen von Mobbing im Internet, Baden-Baden (Nomos) 2009, 33-34.

Mobbing können sich Opfer dem Cybermobbing nicht entziehen, sobald der Arbeitsplatz verlassen wird, denn „There's no safe place anynmore. You can be bullied 24/7...even in the privacy of your own bedroom."[16] Da weder eine physische Anwesenheit noch ein gemeinsamer Kontext oder Handlungshintergrund gegeben sein muss, ist auch die **Entkontextualisierung** ein spezifisches Merkmal des Cybermobbings. Zuletzt grenzt sich Cybermobbing durch die **Digitalisierung** vom traditionellen Mobbing ab. Alle im digitalen Raum übermittelten Informationen können im Gegensatz zur mündlichen Kommunikation dauerhaft dokumentiert und gespeichert werden.[17] Trotz der Unterschiede wird das Cybermobbing wegen großer Überschneidungsbereiche mit dem relationalen Mobbing als eine spezifische Form des relationalen Mobbings angesehen und ist damit nicht gänzlich vom traditionellen Mobbing abgekoppelt.[18]

Kowalski und *Limber* beschreiben Cybermobbing als „bullying through e-mail, instant messaging, in a chat room, on a website or through a text message sent to a cell phone"[19]. Eine andere Definition entwickelte *Belsey*, der Namensgeber des Cybermobbings: „Cyberbullying involves the use of information and communication technologies to support deliberate, repeated and hostile behavior by an individual or group, that is intended to harm others"[20]. Experten orientieren sich bei der Definition von Cybermobbing am traditionellen Mobbing unter Berücksichtigung der spezifischen Besonderheiten.[21] Im Folgenden dieser Studie wird Cybermobbing daher unter Beachtung seiner spezifischen Merkmale als Definition des traditionellen Mobbings von *Leymann* in Verbindung mit den Definitionen von *Kowalski* und *Limber* sowie von *Belsey* verstanden.

2.2 Ursachen von Cybermobbing am Arbeitsplatz

Die Literatur geht nicht explizit auf die Ursachen von Cybermobbing am Arbeitsplatz ein, sondern führt Gründe wie **Anonymität** und damit enthemmendes Verhalten als Ursache für generelles Cybermobbing an. Oftmals fühlen sich Menschen im digitalen Bereich keinen Regeln unterworfen, sodass der Glaube entsteht, sich für sein Verhalten nicht verantworten zu

---

[16] *Webster, Chris,* What is Cyberbullying?, http://www.cyberbullying.info/whatis/whatis.php, September 2011, abgerufen am 03.08.2012.

[17] Vgl. *Fawzi, Nayla*, Cyber-Mobbing, Ursachen und Auswirkungen von Mobbing im Internet, Baden-Baden (Nomos) 2009, 18-19.

[18] Vgl. *Wachs, Sebastian*, Bullying unter Schülern, Eine empirisch-quantitative Untersuchung unter besonderer Berücksichtigung des Cyberbullyings, Saarbrücken (VDM Verlag) 2009,46.

[19] *Kowalski, Robin M./Limber, Susan P.*, Electronic Bullying Among Middle School Students, in: Journal of Adolescent Health, 41 (2007), 22-30, 24.

[20] *Belsey, Bill*, Home, http://www.cyberbullying.org/, o. J., abgerufen am 01.08.2012.

[21] Vgl. *Fawzi, Nayla*, Cyber-Mobbing, Ursachen und Auswirkungen von Mobbing im Internet, Baden-Baden (Nomos) 2009, 87.

müssen.[22] Die Betrachtung der Ursachen des traditionellen Mobbings im beruflichen Bereich und die analoge Übertragung auf Cybermobbing am Arbeitsplatz geben mehr Aufschluss über die Ursachen, die dem Cybermobbing vermutlich zugrunde liegen. Hierbei kommen Ursachen in Betracht, die entweder persönlicher oder beruflicher Natur sind. In Hinblick auf persönliche Ursachen, werden in der Literatur **Emotionen** wie Eifersucht oder Neid gegenüber Kollegen genannt. Eine bedeutendere Rolle wird den Ursachen beruflicher Natur und damit dem **Arbeitsumfeld** zugesprochen. Starke Arbeitsbelastungen, Monotonie bei der Arbeit und geringe Möglichkeiten zur Mitbestimmung werden hierbei ebenso als Ursachen angeführt wie der gezielte Abbau von Mitarbeitern.[23] *Leymann* führt als wichtigste Ursachen für Mobbing am Arbeitsplatz die Organisation, Aufgabengestaltung sowie Leitung der Arbeit an und stellt damit eine Verbindung zu den Führungskräften her.[24] Die **Organisation der Arbeit** wird als mögliche Ursache angeführt, da die Forschung der Arbeitsmedizin „einen bedeutungsvollen Zusammenhang (…) zwischen verschiedenen psychosomatischen Krankheitserscheinungen und einer bestimmten Arbeitssituation, die gekennzeichnet ist durch *Arbeitsaufgaben mit quantitativer Überbelastung und qualitativer Unterbelastung*“[25] feststellen konnte. Die quantitative Überbelastung bezieht sich darauf, dass ein Mitarbeiter mehr Aufgaben erledigen soll, als er bewältigen kann. Monotonie und Inhaltsarmut sind kennzeichnende Merkmale für eine qualitative Unterbelastung am Arbeitsplatz. Diese Arbeitssituationen können zu Stressreaktionen führen, die Konflikte erzeugen und damit in Mobbing münden können.[26] Bei der **Gestaltung der Arbeitsaufgaben** ist entscheidend, ob die Arbeitsaufgaben interessant sind und den Arbeitenden damit geistig fordern. Auch hier fand die Forschung einen Zusammenhang zu psychosomatischen Krankheitserscheinungen. Unterfordernde Aufgaben können ein sogenanntes Langeweile-Mobbing entstehen lassen. Zuletzt führt *Leymann* die **Leitung der Arbeit** an und bezieht sich damit auf die Führungsetage, deren Aufgabe es ist, dazu beizutragen, dass sich eine Arbeitsgruppe entwickelt, die sozial funktioniert und eine Einheit darstellt. Konflikte, die innerhalb dieser Arbeitsgruppe aufgrund der schlechten sozialen Situation entstehen, können im Mobbing enden. Damit sagt *Leymann*, dass Ursachen persönlicher

---

[22] Vgl. *Fawzi, Nayla*, Cyber-Mobbing, Ursachen und Auswirkungen von Mobbing im Internet, Baden-Baden (Nomos) 2009, 49-50.

[23] Vgl. *Teuschel, Peter*, Mobbing, Dynamik – Verlauf – gesundheitliche und soziale Folgen, Stuttgart (Schattauer) 2010, 65.

[24] Vgl. *Leymann, Heinz*, Mobbing, Psychoterror am Arbeitsplatz und wie man sich dagegen wehren kann, Reinbek (Rowohlt) 14. Aufl. 2009, 133.

[25] *Leymann, Heinz*, Mobbing, Psychoterror am Arbeitsplatz und wie man sich dagegen wehren kann, Reinbek (Rowohlt) 14. Aufl. 2009, 133-134.

[26] Vgl. *Leymann, Heinz*, Mobbing, Psychoterror am Arbeitsplatz und wie man sich dagegen wehren kann, Reinbek (Rowohlt) 14. Aufl. 2009, 134.

Natur aus den Ursachen der beruflichen Natur entstehen.[27] Die aus diesen Ursachen entstehenden Mobbinghandlungen können in einer Face-to-Face-Kommunikation ausgeführt werden. Sie können jedoch auch über die Nutzung digitaler Medien vorgenommen werden, sodass die aufgeführten Ursachen nicht nur zu Mobbing, sondern auch zu Cybermobbing führen können.

2.3 Entstehung von Cybermobbing am Arbeitsplatz

Explizite Untersuchungen darüber, wie Cybermobbing am Arbeitsplatz entsteht und verläuft, gibt es in der Literatur nicht. In den seit 1999 im angloamerikanischen Raum durchgeführten Studien wurde herausgefunden, dass ein Zusammenhang zwischen dem traditionellen Mobbing und dem Cybermobbing besteht. Die Studie kommt zu dem Ergebnis, dass Täter und Opfer auf medialer Basis ähnliche Persönlichkeitsmerkmale aufweisen wie Täter und Opfer, die am traditionellen Mobbing beteiligt sind.[28] Aufgrund dieser Ähnlichkeit wird nachfolgend die Entstehung von traditionellem Mobbing erläutert und auf das Cybermobbing am Arbeitsplatz übertragen.

Um die Entstehung und den Verlauf von Mobbing im Arbeitsleben zu erklären, hat *Leymann* ein Verlaufsmodell mit fünf Phasen entwickelt. Dieses Modell basiert auf Interviews, die mit zahlreichen Opfern von Mobbing am Arbeitsplatz durchgeführt wurden. Dabei wurde von *Leymann* ein häufig wieder kehrender regelmäßiger Verlauf des Mobbings beobachtet.[29] Anhand der nachfolgenden Darstellung erfolgt eine Erläuterung der verschiedenen Phasen.

---

[27] Vgl. *Leymann, Heinz*, Mobbing, Psychoterror am Arbeitsplatz und wie man sich dagegen wehren kann, Reinbek (Rowohlt) 14. Aufl. 2009, 136-139.

[28] Vgl. *Fawzi, Nayla*, Cyber-Mobbing, Ursachen und Auswirkungen von Mobbing im Internet, Baden-Baden (Nomos) 2009, 51.

[29] Vgl. *Esser, Axel/Wolmerath, Martin*, Mobbing und psychische Gewalt, Der Ratgeber für Betroffene und ihre Interessenvertretung, Frankfurt am Main (Bund-Verlag) 8. Aufl. 2011, 37.

Abb. 1: Phasenmodell[30]

Das Durchlaufen dieser fünf Phasen zeigt, wie ein Mobbingkonflikt sich entwickeln und enden kann, stellt jedoch keine allgemeingültige Gesetzesmäßigkeit dar. Mobbing ist in der Wirklichkeit ein sehr komplexes Phänomen, bei dem nicht zwangsläufig jede der Phasen durchlaufen wird.[31]

Der regelmäßige Verlauf des Mobbing beginnt mit der Phase der **Konflikte in der Organisation**. Am Arbeitsplatz entstehen fortlaufend verschiedene Konflikte, die teils unnötig, teils jedoch auch notwendig sind, da sie Veränderungen herbeiführen können, sofern der Konflikt konstruktiv ist. Die wenigsten Konflikte münden jedoch im Mobbing oder analog im Cybermobbing. Dennoch sind sie häufig der Auslöser, wenn es zu **Mobbing und Psychoterror** kommt. Hierbei geht die erste Phase in die zweite über, sofern nicht frühzeitig eingegriffen wird. Es folgen von *Leymann* definierte Mobbinghandlungen[32] über einen unbestimmten Zeitraum, die das Opfer in eine zunehmend schlechtere psychische Verfassung treiben. In der analogen Übertragung auf Cybermobbing finden die entsprechenden Mobbinghandlungen im medialen Raum statt. Erst mit dem Eingriff von außen wird die dritte Phase der **Rechtsbrüche durch Fehl- und Übergriffe der Personalverwaltung** erreicht. Bis zu dem Zeitpunkt ist der Konflikt oftmals schon so weit fortgeschritten, dass er sich in die Richtung des Berufsausschlusses entwickelt. In dieser dritten Phase reagiert das Unternehmen und versucht den

[30] In Anlehnung an *Leymann* entnommen aus *Esser, Axel/Wolmerath, Martin*, Mobbing und psychische Gewalt, Der Ratgeber für Betroffene und ihre Interessenvertretung, Frankfurt am Main (Bund-Verlag) 8. Aufl. 2011, 38.

[31] Vgl. *Esser, Axel/Wolmerath, Martin*, Mobbing und psychische Gewalt, Der Ratgeber für Betroffene und ihre Interessenvertretung, Frankfurt am Main (Bund-Verlag) 8. Aufl. 2011, 38.

[32] Vgl. Anhang, 74-75.

Konflikt zu lösen, wobei es regelmäßig zu Rechtsbrüchen kommt, da das geltende Arbeitsrecht im Zusammenhang mit der Problemlösung von Vorgesetzten missachtet wird. Dadurch wird das Opfer weiterhin psychisch belastet und in seinem Handlungsraum eingeschränkt, denn durch das Eingreifen des Unternehmens ist der Konflikt auch für die übrigen Mitarbeiter offiziell geworden.[33] Während beim traditionellen Mobbing die Möglichkeit besteht, dass schon zuvor Außenstehende diesen Konflikt beobachtet haben, wird der Konflikt beim Cybermobbing meist erst in dieser Phase für die übrigen Mitarbeiter offiziell. Außerdem werden weitere Außenstehende in den Konflikt einbezogen, wie etwa Therapeuten oder Ärzte. Wird in diesem Zusammenhang eine **Fehldiagnose** gestellt, welche die vierte Phase des Mobbingverlaufs darstellt, kommt es zu einer Verschlimmerung, da sich das Mobbingopfer sowohl unverstanden als auch isoliert fühlt.[34] Schließlich geht der Konflikt in die fünfte Phase, die **Konsequenzen in der Arbeitswelt**, über und endet nicht selten mit dem Ausschluss aus dieser. Den Grund für ein solches Ende der Mobbingspirale, das neben dem Ausschluss auch die Versetzung, längerfristige Krankschreibungen und ähnliche Folgen haben kann, sieht *Leymann* in der absurden Personalführung von Vorgesetzten und betont, dass ein solches Ende nur dann geschehen kann, wenn sowohl der Betriebsrat als auch die Gewerkschaft ihre Augen vor einem solchen Konflikt verschließen.[35] Da Cybermobbing deutlich versteckter und im Gegensatz zum traditionellen Mobbing bewusst ohne Zuschauer stattfinden kann (vgl. 2.1.2), kommt es beim Cybermobbing möglicherweise öfter zu einem solchen Entwicklungsverlauf, der im Berufsausschluss endet, wenn Vorgesetzte und Gewerkschaften bereits beim traditionellen Mobbing wegschauen.

2.4 Folgen von Cybermobbing

2.4.1 Folgen für den Mitarbeiter

Bisher erfolgte nur eine oberflächliche Untersuchung über die Folgen, die Cybermobbing hervorrufen kann. Es mangelt insbesondere an der Betrachtung der Unterschiedlichkeit zum traditionellen Mobbing. Die bisher durchgeführten Studien kommen zu dem Ergebnis, dass auch Cybermobbing dauerhafte Auswirkungen haben kann, da die meisten Opfer emotional darunter leiden.[36]

---

[33] Vgl. *Leymann, Heinz*, Mobbing, Psychoterror am Arbeitsplatz und wie man sich dagegen wehren kann, Reinbek (Rowohlt) 14. Aufl. 2009, 60-63.

[34] Vgl. *Esser, Axel/Wolmerath, Martin*, Mobbing und psychische Gewalt, Der Ratgeber für Betroffene und ihre Interessenvertretung, Frankfurt am Main (Bund-Verlag) 8. Aufl. 2011, 38.

[35] Vgl. *Leymann, Heinz*, Mobbing, Psychoterror am Arbeitsplatz und wie man sich dagegen wehren kann, Reinbek (Rowohlt) 14. Aufl. 2009, 65.

[36] Vgl. *Fawzi, Nayla*, Cyber-Mobbing, Ursachen und Auswirkungen von Mobbing im Internet, Baden-Baden (Nomos) 2009, 51.

Da zwischen traditionellem Mobbing und Cybermobbing ein Zusammenhang hinsichtlich Persönlichkeitsmerkmalen bei Tätern und Opfern nachgewiesen werden konnte (vgl. 2.3), liegt die Vermutung nahe, dass auch bei den Auswirkungen ein Zusammenhang besteht. Dass die Auswirkungen von Mobbing und Cybermobbing vergleichbar sind, zeigt die Tatsache, dass „Cybermobbing (...) ähnliche Symptome hervor(ruft) wie andere psychische Belastungen"[37], zu denen auch das traditionelle Mobbing zählt. Da jedoch Untersuchungen darüber fehlen, wie sich speziell Cybermobbing am Arbeitsplatz auswirkt, werden nachfolgend die Auswirkungen von traditionellem Mobbing am Arbeitsplatz auf Mitarbeiter dargelegt und eine Analogie zu den Auswirkungen von Cybermobbing am Arbeitsplatz unterstellt.

Bei den Folgen, die sich aus dem Mobbing am Arbeitsplatz ergeben können, kann eine Einteilung in medizinische und nicht medizinische Folgen vorgenommen werden. Medizinische Folgen beziehen sich auf Krankheitserscheinungen und Krankheiten des Mitarbeiters, während sich nicht medizinische Folgen auf Arbeitseinsatz und privates Umfeld beziehen. Die nachfolgende Grafik gibt beispielhaft eine Auswahl der möglichen Folgen wieder.

<table>
<tr><th>Medizinische Folgen</th><th>Nicht medizinische Folgen</th></tr>
<tr><td><u>Physische Beschwerden</u>
Rücken-, Nacken und Muskelschmerzen, Atemnot, Schweißausbrüche, Übelkeit</td><td><u>Berufliche Auswirkungen</u>
Nachlassen der Arbeits- und Leistungsfähigkeit, Arbeitsunfähigkeit, Kündigung</td></tr>
<tr><td><u>Psychische Beschwerden</u>
Depressionen, Rastlosigkeit, Niedergeschlagenheit, Unsicherheitsgefühl, Apathie</td><td rowspan="2"><u>Persönliche Auswirkungen</u>
Rückzug aus dem sozialen Umfeld, Spannungen in zwischenmenschlichen Beziehungen, erhöhter Druck durch das Unverständnis des sozialen Umfelds, Verlust des eigenen Schutz- und Erholungsraumes, fehlender Ausgleich</td></tr>
<tr><td><u>Psychosomatische Beschwerden</u>
Herz-Kreislauf-Störungen, Schwindel, orthopädische Beschwerden</td></tr>
</table>

Tab. 1: (eigene Darstellung): Folgen des Mobbings[38]

Es gibt viele Faktoren, die eine psychische Belastung darstellen können und zu den **medizinischen Folgen** gezählt werden. Der Begriff der psychischen Belastung ist allerdings nicht

---

[37] *Bierbrauer, Benjamin-Christian/Kröger, Sabrina/Radig, Carolin*, Soziale Netzwerke – Chancen und Risiken, http://www.informatik.uni-oldenburg.de/~iug11/ebook11/iug11.pdf#page=101, Wintersemester 2011/2012, abgerufen am 03.08.2012.

[38] Die Daten in der Tabelle sind aus folgenden Quellen entnommen: *Teuschel, Peter*, Mobbing, Dynamik – Verlauf – gesundheitliche und soziale Folgen, Stuttgart (Schattauer) 2010, 159, 171, 207-210; *Leymann, Heinz*, Mobbing, Psychoterror am Arbeitsplatz und wie man sich dagegen wehren kann, Reinbek (Rowohlt) 14. Aufl. 2009, 111.

einheitlich und wird vielfach in unterschiedlichen Zusammenhängen verwendet. Das Mobbing am Arbeitsplatz stellt eine psychische Belastung dar, bei der arbeitsorganisatorische Zustände als Auslöser angesehen werden. Dies löst eine biologische Reaktion im Körper des Opfers aus, die als Stress[39] bezeichnet wird. Aufgrund dieser biologischen Reaktion ist es nicht selten, dass das Opfer Symptome zeigt, die auf die psychische Belastung zurückzuführen sind. Gleichartige psychische Belastungen können bei verschiedenen Menschen jedoch unterschiedliche Symptome hervorrufen, da sich das subjektive Empfinden vom objektiven Vorgehen im Körper unterscheidet. Die möglichen Symptome sind vielfältig und können unter anderem zu physischen Beschwerden wie Rückenschmerzen oder psychischen Beschwerden wie Depressionen führen.[40] Besonders häufig treten im Zusammenhang mit Mobbing psychosomatische Beschwerden[41] wie Herz-Kreislauf-Störungen oder Hauterkrankungen auf, die sich im schlimmsten Fall chronifizieren können.[42]

Neben den behandelbaren Symptomen gibt es auch **nicht medizinische Folgen**, die sich insbesondere auf den Arbeitseinsatz des Opfers auswirken. In fast allen Fällen wirkt sich das Mobbing negativ auf das Arbeits- und Leistungsverhalten des Opfers aus, da die Arbeitsfähigkeit und das Leistungsvermögen nachlassen. Konzentrationsschwierigkeiten, Angst und Unmotiviertheit werden unter anderem als mögliche Gründe für die verminderte Arbeitsleistung angeführt. Infolgedessen wird Tätern eine weitere Angriffsfläche zum Mobben geboten, das wiederum Versagens- und Schuldgefühle beim Opfer auslösen kann. Die Verschlechterung der Leistung kann außerdem zu arbeitsrechtlichen Folgen wie einer Kündigung führen, die oftmals in einer längeren Arbeitslosigkeit endet und damit zu finanziellen Schwierigkeiten und einer Existenzbedrohung führen kann. Nicht selten treten in diesem Zusammenhang auch Folgen für das private und familiäre Umfeld der Betroffenen auf. Mögliche Auswirkungen sind ein sozialer Rückzug oder Spannungen in zwischenmenschlichen Beziehungen. Eine große Belastung stellt auch häufig das Unverständnis dar, dem Mobbingopfer in ihrem sozialen Umfeld begegnen. Dies führt zu einem weiteren Druck auf das Opfer in der ohnehin schon belastenden Situation. Der Einfluss des Mobbings auf das Privatleben stellt eines der größten Probleme dar, weil dies ein persönlicher Bereich ist, der Ausgleich schaffen, Schutz, Verständnis und Erholung bieten sowie eine Quelle für neue Energie sein soll. Fällt dies weg,

---

[39] „Stress kann man allgemein als die Beanspruchung des Menschen durch Belastungen definieren." *Teuschel, Peter*, Mobbing, Dynamik – Verlauf – gesundheitliche und soziale Folgen, Stuttgart (Schattauer) 2010, 151.

[40] Vgl. *Leymann, Heinz*, Mobbing, Psychoterror am Arbeitsplatz und wie man sich dagegen wehren kann, Reinbek (Rowohlt) 14. Aufl. 2009, 108-111.

[41] Psychosomatische Beschwerden sind Störungen des Körpers, die durch die Psyche des Erkrankten beeinflusst werden. Vgl. *Resch, Martin*, Wenn Arbeit krank macht, Frankfurt am Main (Ullstein) 1994, 56.

[42] Vgl. *Teuschel, Peter*, Mobbing, Dynamik – Verlauf – gesundheitliche und soziale Folgen, Stuttgart (Schattauer) 2010, 159.

kommt es zu einer erneuten Schwächung des Opfers. Somit entsteht eine krank machende Mobbing-Spirale, deren schädigende Einflüsse sich vom beruflichen in den privaten Bereich ausbreiten und oftmals medizinische, soziale und gesundheitliche Konsequenzen nach sich ziehen.[43] Im Extremfall endet die Spirale mit dem Selbstmord des Betroffenen. Dies kann geschehen „wenn dem Opfer deutlich wird, daß seine Zeit im Arbeitsleben abgelaufen ist, daß es sich durch seinen Beruf (und auch durch einen anderen) nicht mehr ernähren kann – oder wenn es diese Befürchtung hat. Es ist ein Selbstmord aus der tiefen Verzweiflung, zu nichts mehr zu taugen."[44]

2.4.2 Folgen für das Unternehmen

Wie bereits in 2.4.1 erläutert, können sich durch das Mobbing und somit auch durch das Cybermobbing Folgen für Betroffene ergeben, die sich negativ auf das Arbeits- und Leistungsverhalten auswirken. Dies wiederum hat Folgen für das Unternehmen, die oftmals mit hohen Kosten einhergehen.

Der schwedische Automobilbauer *Volvo* stellte beispielsweise fest, dass ihm hohe Kosten durch Fehlzeiten und Personalumsatz entstanden, deren Hauptgrund in psychosozialen Beeinträchtigungen am Arbeitsplatz lag. Infolgedessen musste *Volvo* Qualitätsminderungen und Produktionsabbrüche hinnehmen, die Kosten in Millionenhöhe verursachten.[45] Bei allen durch Mobbing oder psychosozialen Beeinträchtigungen am Arbeitsplatz entstandenen Kosten handelt es sich um **Opportunitätskosten**, die „durch entgangene Gewinne wegen Nichtrealisierung von Marktchancen, Konventionalstrafen durch verspätete Bereitstellung von Leistungen und Produkten durch den Ersatz von Mitarbeitern durch ausgeschiedene ‚Gemobbte', durch verminderte Arbeitsmoral etc. entstehen."[46]

In Unternehmen gibt es viele mitarbeiterbezogene Faktoren, die Kosten verursachen. Hierzu zählen unter anderem die **Fehlzeiten** von Mitarbeitern. Der *Deutsche Gewerkschaftsbund* errechnete, dass die Kosten pro Fehltag eines Mitarbeiters zwischen 103 und 410 Euro liegen.[47] Bei großen Unternehmen führt dies zu jährlichen Kosten in Millionenhöhe. Norwegische und schwedische Studien belegen, dass zwischen Mobbing und feindseligen Hand-

---

[43] Vgl. *Teuschel, Peter*, Mobbing, Dynamik – Verlauf – gesundheitliche und soziale Folgen, Stuttgart (Schattauer) 2010, 207-211.

[44] *Leymann, Heinz*, Mobbing, Psychoterror am Arbeitsplatz und wie man sich dagegen wehren kann, Reinbek (Rowohlt) 14. Aufl. 2009, 122.

[45] Vgl. *Leymann, Heinz*, Mobbing, Psychoterror am Arbeitsplatz und wie man sich dagegen wehren kann, Reinbek (Rowohlt) 14. Aufl. 2009, 124-125.

[46] *Kollmer, Norbert*, Mobbing im Arbeitsverhältnis, Was Arbeitgeber dagegen tun können – und sollten, Heidelberg etc. (Rehm) 4. Aufl. 2007, 31-32.

[47] Vgl. *Guderian, Claudia*, Zwölf Strategien, die aus der Mobbing-Falle helfen, http://www.welt.de/gesundheit/psychologie/article13634747/Zwoelf-Strategien-die-aus-der-Mobbing-Falle-helfen.html, 03.10.2011, abgerufen am 03.08.2012.

lungen am Arbeitsplatz ein direkter Zusammenhang zur Anzahl der krankheitsbedingten Fehltage besteht.[48] Die deutsche Wirtschaft erleidet jährlich Verluste zwischen 18 und 60 Milliarden Euro, die allein auf die Folgen des Mobbing zurückzuführen sind. Da sich diese Zahlen explizit auf das Mobbing beziehen, ist es wahrscheinlich, dass sich deutlich höhere Verluste ergeben, sobald das Cybermobbing hinzugezogen wird. Wie hoch der wirtschaftliche Schaden ist, der allein durch Cybermobbing entsteht, ist noch nicht erforscht. Die Folgen für das Unternehmen entstehen jedoch nicht nur durch die Betroffenen, sondern auch durch Außenstehende, deren Arbeitsmotivation sinken kann, wenn im Umfeld gemobbt wird. Die Angst, selbst Opfer zu werden und die angespannte Atmosphäre im Unternehmen können zu einer verminderten Arbeitsleistung und damit zu einer **verminderten Produktivität** von nicht Betroffenen führen, wodurch dem Unternehmen weitere Kosten entstehen.[49] Neben diesen Auswirkungen verursacht auch die **Fluktuation**[50] von Mitarbeitern Kosten. Den Unternehmen fehlt eine Arbeitskraft, wodurch zusätzliche Kosten in der Produktion entstehen. Außerdem muss eine Neueinstellung und damit eine Einarbeitung erfolgen, die ebenfalls Kostenfaktoren für das Unternehmen darstellen. Zahlreiche Betroffene, die sich den Mobbinghandlungen nicht mehr gewachsen sehen, befreien sich aus dieser Situation, indem sie aus eigener Initiative kündigen. Eine drohende Arbeitslosigkeit und finanzielle Schwierigkeiten werden in dem Zusammenhang von den Betroffenen hingenommen.[51]

[48] Vgl. *Kollmer, Norbert*, Mobbing im Arbeitsverhältnis, Was Arbeitgeber dagegen tun können – und sollten, Heidelberg etc. (Rehm) 4. Aufl. 2007, 31.

[49] Vgl. *Teuschel, Peter*, Mobbing, Dynamik – Verlauf – gesundheitliche und soziale Folgen, Stuttgart (Schattauer) 2010, 211-212.

[50] Eine einheitliche Definition von Fluktuation gibt es nicht. Sie wird hier als das freiwillige Ausscheiden eines Mitarbeiters verstanden. Vgl. *Schneck, Matthias H.*, Strategische Personalführung, Entwicklung eines integrativen Managementkonzepts, Berlin (Duncker & Humblot) 2000, 189.

[51] Vgl. *Brinkmann, Ralf D.*, Mobbing, Bullying, Bossing – Treibjagd am Arbeitsplatz: Erkennen, Beeinflussen und Vermeiden systematischer Feindseligkeiten, Heidelberg (Sauer) 2. Aufl. 2002, 168-169.

3 Untersuchungsrahmen

3.1 Mentales Modell

Nach hinreichender Darstellung der theoretischen Grundlagen wird nachfolgend das dieser Studie zugrunde liegende mentale Modell knapp erläutert.

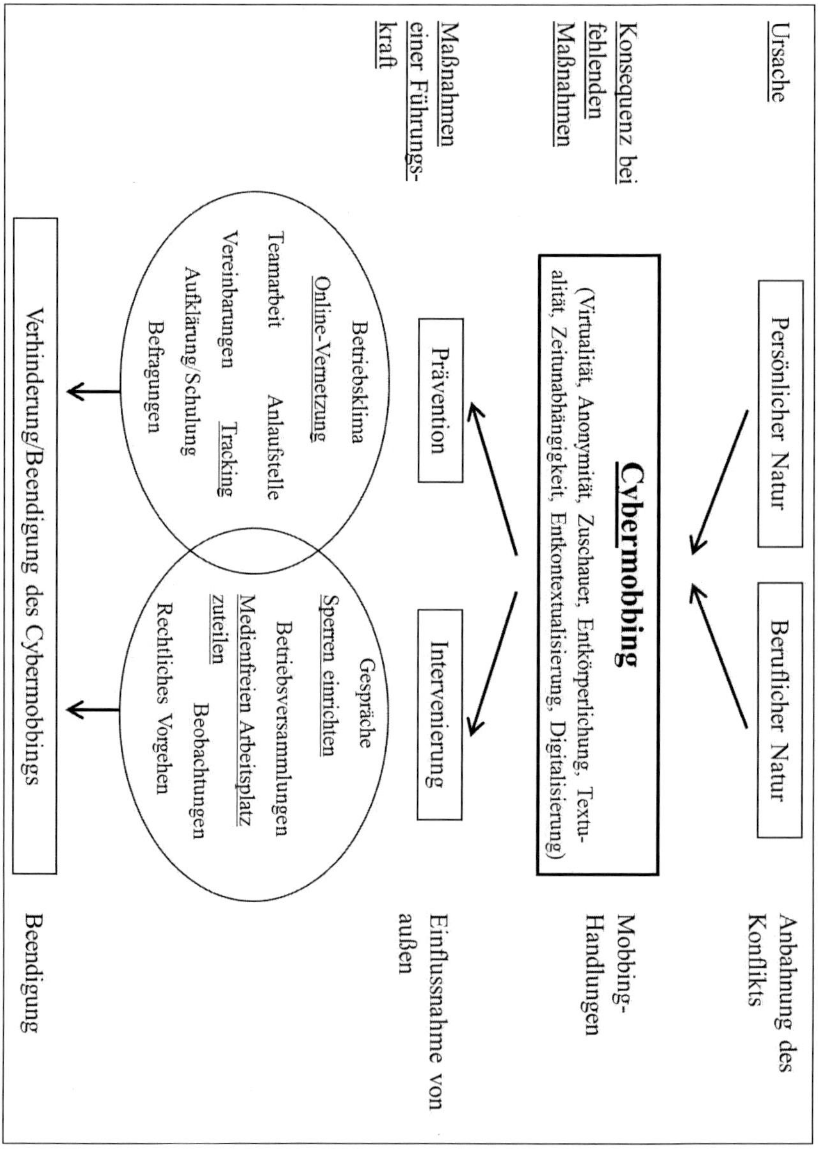

Abb. 2: Mentales Modell (eigene Darstellung)

Das vorliegende Mentale Modell ist ein vereinfachtes Abbild der Realität, bei dem ausschließlich ausgewählte Faktoren betrachtet werden. Es befasst sich im Kern mit Cybermobbing am Arbeitsplatz und stellt dar, wodurch Cybermobbing entsteht, welche spezifischen Merkmale ihm zugrunde liegen und welche Maßnahmen im Vorfeld bzw. während des Konflikts ergriffen werden können, um das Cybermobbing weitgehend zu verhindern bzw. zu unterbinden. Das Phänomen des Cybermobbings ist grob in vier Phasen unterteilt.
In der ersten Phase bahnt sich der Cybermobbingkonflikt an. Persönliche und berufliche Ursachen, die Cybermobbing entstehen lassen, sind der Grund für diese Anbahnung.
Diese Ursachen führen zu eindeutigen Cybermobbinghandlungen, falls im Vorfeld keine Maßnahmen zu ihrer Verhinderung getroffen wurden. In dieser zweiten Phase findet das Cybermobbing ungehindert statt und charakterisiert sich durch spezifische Merkmale wie Anonymität und Entzeitlichung.
Die Einflussnahme von außen charakterisiert die dritte Phase. Hierbei haben Führungskräfte die Möglichkeit Maßnahmen zu ergreifen. In einem bereits bestehenden Cybermobbingkonflikt müssen von der Führungskraft intervenierende Maßnahmen wie Gespräche ergriffen werden, um das Cybermobbing zu verhindern. Doch auch wenn kein Cybermobbing vorliegt, können Führungskräfte im Vorfeld agieren, indem sie präventive Maßnahmen wie Vereinbarungen ergreifen. Damit soll erreicht werden, dass Cybermobbing weitgehend verhindert wird und nach Möglichkeit gar nicht erst entsteht. Intervenierende und präventive Maßnahmen können jedoch nicht nur separat betrachtet werden. Sie überschneiden sich in einigen Punkten, die sowohl während der Prävention als auch während der Intervenierung wichtig sind. Ein gutes Betriebsklima und Gespräche sind zwei Maßnahmen, die eng miteinander verknüpft sind, auch wenn sie scheinbar in unterschiedlichen Arbeitszuständen ergriffen werden.
Charakteristisch für diese Studie und das Modell ist, dass der Fokus für das Ergreifen von Maßnahmen in dieser dritten Phase ausschließlich auf den Führungskräften liegt und eine weitere Einflussnahme von außen nicht betrachtet wird, da dies für den Kern dieser Studie nicht relevant ist.
Nach dem erfolgreichen Ergreifen von entsprechenden Maßnahmen kommt es schließlich in der vierten Phase zur Verhinderung bzw. zur Beendigung des Cybermobbingkonflikts.

3.2 Methodik

Im Folgenden der Studie wird die Untersuchung der präventiven und intervenierenden Maßnahmen, die Führungskräfte gegen Cybermobbing ergreifen können, vorgenommen. Im Fokus der Untersuchung stehen die im Rahmen dieser Studie mit Führungskräften durchgeführten Interviews. Der Grund dafür liegt insbesondere darin, dass es keine konkrete Literatur zum Cybermobbing am Arbeitsplatz gibt und mit den Interviews eine Bezugsquelle hergestellt wird, die bei der Untersuchung als Stütze dient. Bei diesen Interviews mit Führungskräften verschiedener Positionen und Branchen bekamen alle Befragten dieselben Fragen in gleicher Reihenfolge gestellt. Antwortmöglichkeiten waren jedoch nicht vorgegeben, sodass jede Führungskraft unbeschränkt antworten und eine eigene Meinung vertreten konnte. Bei der nachfolgenden Auswertung der Interviews erfolgt eine Orientierung an der qualitativen Inhaltsanalyse von *Mayring*, wobei die Methode der Explikation angewendet wird. Das vorliegende Material wird bei der qualitativen Inhaltsanalyse mithilfe eines Kategoriensystems bearbeitet. Die einzelnen Kategorien werden in dieser Studie durch die Überschriften der einzelnen Untersuchungspunkte festgelegt. Die Methode der Explikation komplettiert das Vorgehen. Im Kern geht es bei der Explikation darum, zusätzliches Material heranzuziehen, das dem Verständnis von Textstellen der Interviewantworten dient, indem Textstellen erläutert und durch Informationen ergänzt werden. Dies soll sicherstellen, dass die Interpretation der Interviewaussagen treffsicher ist. Diese Methode hat den Vorteil, dass die Interviews nicht die alleinige Bezugsquelle für die nachfolgende Untersuchung darstellen und dass die Subjektivität der einzelnen Antworten nicht im Vordergrund steht. Letzteres hat eine besondere Wichtigkeit, da es sich nicht explizit um Experteninterviews handelt.[52]

[52] Vgl. *Mayring, Philipp*, Einführung in die qualitative Sozialforschung, Weinheim-Basel (Beltz) 5. Aufl. 2002, 114-115.

4 Untersuchung

4.1 Präventive Maßnahmen von Führungskräften

4.1.1 Schaffung eines guten Betriebsklimas/Klare Arbeitsorganisation

Der Begriff des Betriebsklimas ist in der Literatur eng mit der Arbeitsorganisation verknüpft. Es wird als wichtiger Indikator für die Stimmung in einem Betrieb gesehen und als die Summe der Einstellungen von Arbeitnehmern zum Unternehmen sowie zu den Vorgesetzten, Kollegen, Arbeit und Lohn verstanden. Das subjektive Empfinden wird dabei größtenteils durch objektive Arbeitsbedingungen geprägt.[53]

40% der interviewten Führungskräfte nennen unter anderem das Betriebsklima als wichtige Präventionsmaßnahme gegen Cybermobbing. Im Umkehrschluss bedeutet dies, dass diese Führungskräfte die Ursachen für die Entstehung von Cybermobbing am Arbeitsplatz unter anderem in einem schlechten Betriebsklima sehen. Damit teilen sie die Ansicht von *Leymann*, der den Arbeitsplatz und das entsprechende Arbeitsumfeld als hauptsächliche Ursache anführt (vgl. 2.2). In ihrer Position als Führungskraft sehen *Jäger* und *Schmidt* die Möglichkeit der Schaffung eines guten Betriebsklimas als Präventionsmaßnahme gegen Cybermobbing und erwähnen das positive Wohlbefinden der Mitarbeiter, für das das Betriebsklima ihrer Ansicht nach ausschlaggebend ist.[54] Betriebsklima und Wohlbefinden beeinflussen sich jedoch gegenseitig, sodass ein positives Wohlbefinden der Mitarbeiter zu einem guten Betriebsklima führen kann. Jeder Arbeitnehmer ist für das positive Wohlbefinden eines Teams mitverantwortlich, wobei den Führungskräften wegen ihrer handlungsstarken Position eine besondere Verantwortung zugesprochen wird.[55] Dass *Jäger* und *Schmidt* sich in dieser besonderen Verantwortung sehen, geht aus anderen von ihnen gegebenen Antworten hervor. *Jäger* sieht sich als Führungskraft in der Pflicht, bei einem Cybermobbingkonflikt einzugreifen „weil es eine Frage der Arbeitsmoral, der Einstellung gegenüber der Mitarbeiter und des allgemeinen Betriebsklimas ist“[56], während *Schmidt* der Auffassung ist, dass er Verantwortung dafür trägt, einen entsprechenden Umgebungsrahmen zu schaffen „damit (…) Mitarbeiter ihre Leistung überhaupt bringen können.“[57] *Günther* spricht dem Betriebsklima ebenso seine Wichtigkeit als Präventionsmaßnahme zu und betont, dass Respekt und Fairness untereinander erwartet

---

[53] Vgl. *Volk, Georg*, Betriebliches Gesundheitsmanagement im Spannungsfeld Mobbing - Führungskommunikation und Betriebsklima als Determinanten für die Entstehung von Mobbing, Diss. Otto-von-Guericke-Universität Magdeburg 2004, 92-93.

[54] Vgl. Anhang, 57 und 67.

[55] Vgl. *Kutschler, Patric P./Seßler, Helmut*, Kommunikation – Erfolgsfaktor in der Medizin, Heidelberg (Springer) 2007, 132.

[56] Anhang, 66.

[57] Anhang, 56.

werden dürfen und Voraussetzungen für ein gutes Betriebsklima sind.[58] Damit spricht er die persönliche Ebene der gegenseitigen Wertschätzung an, die bei der Teamarbeit eine bedeutende Rolle als Voraussetzung für ein gutes Betriebsklima spielt. Doch auch arbeitsorganisatorische Voraussetzungen, wie beispielsweise eine klare Aufgabenstellung, werden in der Literatur als Voraussetzungen für ein gutes Betriebsklima angeführt.[59] *Müller* hingegen versucht, ein gesundes Betriebsklima sicherzustellen, indem er regelmäßig Gespräche mit anderen Führungskräften führt.[60] Welcher Inhalt Gegenstand der Gespräche ist und in welcher Form damit das Betriebsklima gesichert werden soll, wird aus seiner Antwort nicht ersichtlich und lässt einen Spekulationsraum, den auch die Literatur nicht nehmen kann. Daher kann die Antwort von *Müller* in diesem Untersuchungsteil nicht als sichere Bezugsquelle dienen.

Auffällig ist, dass die befragten Führungskräfte der persönlichen Ebene eine besondere Wichtigkeit in Bezug auf ein gutes Betriebsklima zusprechen. Auf die in der Literatur häufig genannten arbeitsorganisatorischen Voraussetzungen geht keine der Führungskräfte explizit ein. Lediglich bei *Müller* deutet sich ein solcher Fokus an, der jedoch nicht sicher belegt werden und damit auch nicht für die Untersuchung dienen kann. Dass die Arbeitsorganisation von besonderer Wichtigkeit ist, zeigt sich dadurch, dass ein Zusammenhang zwischen psychosomatischen Krankheitserscheinungen und bestimmten Arbeitssituationen nachgewiesen werden konnte (vgl. 2.2). Für ein gutes Betriebsklima müssen in der Arbeitsorganisation jedoch die entsprechenden Weichen gestellt werden. Allgemein wird unter der Arbeitsorganisation die Aufbau- und Ablauforganisation verstanden, die im Wesentlichen für die dauerhafte Gestaltung von Aufgabenerfüllungsprozessen zuständig ist, um den Geschäftszweck eines bestim-mten Systems zu erreichen. Eine gute Arbeitsorganisation ist jedoch kein Garant für ein gutes Betriebsklima, da persönliche Faktoren wie mangelnde Kritikfähigkeit kaum oder gar nicht durch eine gute Arbeitsorganisation beeinflusst werden können. Dennoch wird die Entstehung von Konflikten am Arbeitsplatz, die zu Cybermobbing führen können, durch eine gute Arbeitsorganisation eingedämmt.[61] Da die befragten Führungskräfte nicht explizit auf die Arbeitsorganisation eingegangen sind, kann vermutet werden, dass ihr entweder keine große Bedeutung von ihnen zugesprochen wird oder dass eine gute Arbeitsorganisation als Selbstverständlichkeit betrachtet wird. Vielen Führungskräften ist jedoch nicht bewusst, dass eine

---

[58] Vgl. Anhang, 73.

[59] Vgl. *Luthe, Alfons/Weiskopf, Hans*, Personalmanagement für Agenturen und Makler in der Versicherungswirtschaft, Karlsruhe (Verlag Versicherungswirtschaft) 2010, 139.

[60] Vgl. Anhang, 63.

[61] Vgl. *Nitschke, Maria*, Arbeitsorganisation als Mobbingprävention, in*: Arentewicz, Gerd/Fleissner, Alfred* (Hrsg.), Arbeitsplatzkonflikte, Mobbing als Psychoterror am Arbeitsplatz, Ursachen, Folgen und Formen der Hilfe, Frankfurt am Main-Bern (Peter Lang) 2003, 349-359, 350-353.

unzureichende Arbeitsorganisation zu Konflikten führen kann.[62] Inwieweit die Führungskräfte das Betriebsklima mit der Arbeitsorganisation in Verbindung bringen, kann aus den gegebenen Antworten nicht abgeleitet werden. Da sie jedoch auch nicht darauf eingegangen sind, mit welchen Maßnahmen sie ein gutes Betriebsklima schaffen würden, kann nicht gesagt werden, dass die Arbeitsorganisation von Führungskräften außer Acht gelassen wird. Aus den gegebenen Antworten kann sicher festgestellt werden, dass Führungskräfte präventiven Handlungsbedarf in erster Linie auf der persönlichen Ebene des Betriebsklimas sehen, während die Literatur den Handlungsbedarf in der Arbeitsorganisation und ihren Auswirkungen auf das Betriebsklima sieht.

4.1.2 Aufklärung der Mitarbeiter über Cybermobbing

Es gibt verschiedene Möglichkeiten, um Mitarbeiter über Cybermobbing aufzuklären. Manche Unternehmen haben Anlaufstellen mit einem Mobbingbeauftragten eingerichtet, wo neben dem Angebot der Hilfestellung auch Informationen eingeholt werden können (vgl. 4.1.5). *König* ist die einzige Führungskraft, die beim Interview als mögliche Maßnahme gegen Cybermobbing eine Aufklärung der Mitarbeiter anführt. In einer Teamversammlung würde er die Problematik allgemein ansprechen, um die Mitarbeiter zum einen aufzuklären und ihnen zum anderen zu verdeutlichen, dass ein solches Handeln nicht geduldet wird. Seine Antwort bezieht sich jedoch auf eine Frage, die auf intervenierende und nicht auf präventive Maßnahmen ausgerichtet ist.[63] Dennoch kann davon ausgegangen werden, dass es sich in erster Linie um eine präventive Maßnahme handelt, da die Aufklärung eine typische Methode der Prävention ist. Hierbei wird von der sogenannten Verhaltensprävention gesprochen, da diese Methode darauf ausgerichtet ist, ein besseres Verhalten bei den Aufgeklärten zu erzeugen. Die im Unternehmen stattfindende Aufklärung kann als präventive Maßnahme sowohl von Mitgliedern des Betriebsrates als auch von Personalverantwortlichen und somit von Führungskräften ergriffen werden.[64] Sie muss jedoch nicht zwangsläufig unternehmensintern erfolgen, sondern kann auch durch themenbezogene Fort- und Weiterbildungsmaßnahmen erreicht werden. Die Vermittlung von Informationen steht auch hierbei im Vordergrund. Damit soll eine Einordnung und Abgrenzung des Problems erreicht werden, um auftretende Spannungen entsprechend bewerten zu können und keine Überempfindlichkeit gegenüber dem Problem zu ent-wickeln. Oftmals richten sich Schulungen dieser Art an entsprechende

---

[62] Vgl. *Kollmer, Norbert*, Mobbing im Arbeitsverhältnis, Was Arbeitgeber dagegen tun können – und sollten, Heidelberg etc. (Rehm) 4. Aufl. 2007, 205.

[63] Vgl. Anhang, 58.

[64] Vgl. *Grünwald, Marietta/Hille, Hans-Eduard*, Mobbing im Betrieb, Abwehrstrategien und Handlungsmöglichkeiten, München (Beck) 2003, 79.

Vertrauenspersonen und Führungskräfte, sind jedoch auch für Mitarbeiter denkbar.[65] Somit geht es bei der Aufklärung der Mitarbeiter über Cybermobbing in erster Linie um eine Vermittlung von Informationen, die helfen sollen, das Problem zum einen darzustellen und zum anderen abzugrenzen und zu erkennen. Ziel der Aufklärung ist es, ein besseres Verhalten der Mitarbeiter zu erzeugen, damit der Problematik des Cybermobbings kein Raum gegeben wird. Führungskräfte können hierbei eine besondere Rolle einnehmen, indem sie die Aufgabe der Aufklärung ihrer Mitarbeiter übernehmen. Da sich entsprechende Schulungen oftmals an Führungskräfte richten, wäre es sinnvoll, wenn die Aufklärung auch von diesen übernommen wird. Wie stark die Aufklärung in den Unternehmen tatsächlich stattfindet, geht aus den Interviews nicht hervor. Lediglich *König* sprach die Aufklärung als mögliche Maßnahme an, sagte allerdings nicht, dass diese in seinem Unternehmen auch Anwendung findet. Die geringe Beachtung der Aufklärung als präventive Maßnahme in den Interviews legt die Vermutung nahe, dass Mitarbeiter in Unternehmen unzureichend, möglicherweise gar nicht, über Cybermobbing aufgeklärt werden.

4.1.3 Teamarbeit

Teamarbeit stellt in der Arbeitsorganisation eine relative neue Form dar, die in erster Linie darauf ausgerichtet ist Unternehmensziele wie die Erhöhung der Produktivität zu erreichen.[66] Das erfordert, dass sich mindestens zwei Personen für einen bestimmten Zeitraum zur Erreichung eines festgelegten Ziels zusammenschließen. Dabei soll eine gegenseitige Unterstützung und Ergänzung stattfinden, die eine Interaktion der Teammitglieder untereinander voraussetzt. Somit stellt die Teamarbeit einen Prozess zur Bewältigung von Arbeitsaufgaben dar.[67] Damit die Arbeit eines Teams erfolgreich ist, muss ein adäquates Verhältnis von Qualifikationen und Verhaltensweisen gegeben sein. Besonders wichtig ist dabei die Teamfähigkeit der einzelnen Mitglieder, die sich unter anderem in der Kommunikation, den sozialen Fähigkeiten und der entsprechenden Fachkompetenz widerspiegelt. Damit innerhalb eines Teams keine Konflikte entstehen, weil unterschiedliche Menschen aufeinander treffen, muss sich außerdem eine gegenseitige Harmonie, Akzeptanz sowie ein Wir-Gefühl entwickeln. Entscheidend für eine solche Entwicklung sind die kommunikativen Fähigkeiten der einzel-

---

[65] Vgl. *Kolodej, Christa*, Mobbing, Psychoterror am Arbeitsplatz und seine Bewältigung, Wien (Facultas) 2005, 161.

[66] Vgl. *Volk, Georg*, Betriebliches Gesundheitsmanagement im Spannungsfeld Mobbing - Führungskommunikation und Betriebsklima als Determinanten für die Entstehung von Mobbing, Diss. Otto-von-Guericke-Universität Magdeburg 2004, 88.

[67] Vgl. *Stumpf, Siegfried/Thomas, Alexander* (Hrsg.), Teamarbeit und Teamentwicklung, Göttingen (Hogrefe) 2003, 1-2.

nen Teammitglieder.[68] *Schmidt*, der als einzige Führungskraft auf die Teamarbeit eingegangen ist, sieht den Schlüssel zur Prävention von Cybermobbing in einem harmonierenden Team.[69] Dies schmälert die Gefahr von Konflikten und verringert somit auch die Gefahr von auftretendem Cybermobbing. Teams dürfen jedoch nicht sich selbst überlassen werden und erfordern eine Führungskraft, die an der Teamentwicklung und –arbeit beteiligt ist. Damit kommt der Führungskraft eine Verantwortung zu, die das steuernde Eingreifen in verschiedenen Situationen, insbesondere auch bei emotionalen Spannungen, erfordert.[70] Bei den durchgeführten Interviews verwendeten die befragten Führungskräfte häufig das Wort „Team" im Zusammenhang mit intervenierenden und präventiven Maßnahmen gegen Cybermobbing. Außerdem geht aus vielen der Interviews hervor, dass die Führungskräfte sich darüber bewusst sind, Verantwortung zu tragen. *Schmidt* spricht davon, dass er auch die Verantwortung für einen Umgebungsrahmen trage, der garantiere, dass Mitarbeitern die notwendigen Voraussetzungen für eine gute Leistung überhaupt bringen können. Beim Cybermobbing sieht er eine Schwäche im Umgebungsrahmen, die allerdings nicht näher definiert wird.[71] Die Herausforderung ein leistungsstarkes und harmonierendes Team hervorzubringen gehört nach wissenschaftlicher Meinung in den Verantwortungsbereich einer Führungskraft. Bei vorsichtiger Interpretation der durchgeführten Interviews kann festgehalten werden, dass sich Führungskräfte auch selbst in dieser Verantwortung sehen.

4.1.4 Betriebsvereinbarungen/Sanktionen

König ist die einzige Führungskraft, die im Zusammenhang mit der Cybermobbingprävention das Aufzeigen von Konsequenzen und somit die Verdeutlichung von Sanktionen anspricht. Er vertritt dabei die Ansicht, dass den Mitarbeitern von Anfang an deutlich gemacht werden sollte, bei welchem Handeln sie mit welchen Konsequenzen zu rechnen haben. Den Sinn der kommunizierten Sanktionen sieht er in der abschreckenden Wirkung, die ein Fehlverhalten unterbinden soll.[72] Sanktionen in der Arbeitswelt werden als „any measure, other than an oral observation, taken by an employer in the wake of an act on the part of the employee that the employer considers to be a wrongdoing"[73] verstanden. Die Ausführung einer Sanktion fällt somit unter die intervenierenden Maßnahmen, nachdem bereits ein Verstoß stattgefunden hat,

---

[68] Vgl. *Volk, Georg*, Betriebliches Gesundheitsmanagement im Spannungsfeld Mobbing - Führungskommunikation und Betriebsklima als Determinanten für die Entstehung von Mobbing, Diss. Otto-von-Guericke-Universität Magdeburg 2004, 89.
[69] Vgl. Anhang, 57.
[70] Vgl. *Neges, Gertrud und Richard*, Führungskraft und Team, Wien (Linde) 2007, 11.
[71] Vgl. Anhang, 56.
[72] Vgl. Anhang, 59.
[73] *Wheeler, Hoyt N./Rojot, Jaques*, Workplace Justice, Employment Obligations in International Perspective, South Carolina (University of South Carolina) 1992, 144.

während das auf eine abschreckende Wirkung ausgerichtete Kommunizieren von Sanktionen zur Prävention von Cybermobbing gehört. Dadurch wird zwar deutlich, welches Verhalten unterlassen werden sollte, jedoch fehlt eine explizite Vereinbarung über das richtige Verhalten der Mitarbeiter. In sogenannten Betriebsvereinbarungen können Sanktionen als integrierter Bestandteil festgehalten werden. In der Regel können Betriebsvereinbarungen jedoch unternehmensindividuell ausgestaltet werden und sollten in Hinblick auf Cybermobbing unter anderem verschiedene Beispiele, den Geltungsbereich der Vereinbarung und das Beschwerderecht beinhalten.[74] Im Sinne des Gesetzes wird unter einer Betriebsvereinbarung ein von Betriebsrat und Arbeitgeber unterzeichneter Vertrag, der unmittelbar und zwingend gilt, verstanden.[75] Somit werden Arbeitnehmer und Arbeitgeber in die Pflicht genommen, sich den Betriebsvereinbarungen entsprechend zu verhalten. In Hinblick auf die Prävention von Cybermobbing soll mit einer entsprechenden Betriebsvereinbarung weitgehend sichergestellt werden, dass Cybermobbinghandlungen unterlassen und auch bekämpft werden. Alle Mitarbeiter werden gleichermaßen in die Pflicht genommen, entsprechende Konflikte zu unterbinden.[76] Die Grundlage für eine erfolgreiche Betriebsvereinbarung stellt ein gemeinsamer Konsens dar. Dies gibt den Mitarbeitern die Möglichkeit, ein Regelwerk auszugestalten, das den künftigen Umgang mit Cybermobbing im Unternehmen wiedergibt. Führungskräfte werden dabei in die Pflicht genommen, beim Auftreten eines Cybermobbingfalls einzugreifen und mit den Mitarbeitern eine Lösung zu entwickeln, die dem Sinn der geltenden Betriebsvereinbarung entspricht.[77] Die Führungskräfte haben auch bei dieser Präventionsmaßnahme eine tragende Rolle. Ein englisches Unternehmen nimmt die Führungskräfte durch ihre Betriebsvereinbarung sogar noch stärker in die Pflicht. Bei jedem Konflikt, den ein Mitarbeiter nicht selbst lösen kann, ist er verpflichtet, mit der anderen Konfliktpartei zum gemeinsamen Vorgesetzten zu gehen, um das Problem zu diskutieren. Die Aufgabe des Vorgesetzten ist es dabei, einen Kompromiss zu finden.[78] Dies deutet an, wie das Unternehmen die Rolle der Führungskraft beurteilt. Führungskräfte tragen nach dieser Betriebsvereinbarung eine Verantwortung, die über die erbrachte Arbeitsleistung hinaus in den zwischenmenschlichen Bereich geht. Außerdem erfordert das Einnehmen einer Führungsposition in diesem Fall soziale Kompetenzen, da eine Führungskraft auch Ansprechpartner für jegliche Probleme ist,

---

[74] Vgl. *Kolodej, Christa*, Mobbing, Psychoterror am Arbeitsplatz und seine Bewältigung, Wien (Facultas) 2005, 163.

[75] Vgl. *Betriebsverfassungsgesetz*, § 77 Absatz 2 und 4.

[76] Vgl. *Grünwald, Marietta/Hille, Hans-Eduard*, Mobbing im Betrieb, Abwehrstrategien und Handlungsmöglichkeiten, München (Beck) 2003, 93.

[77] Vgl. *Kolodej, Christa*, Mobbing, Psychoterror am Arbeitsplatz und seine Bewältigung, Wien (Facultas) 2005, 162.

[78] Vgl. *Leymann, Heinz*, Mobbing, Psychoterror am Arbeitsplatz und wie man sich dagegen wehren kann, Reinbek (Rowohlt) 14. Aufl. 2009, 153.

die ein Mitarbeiter am Arbeitsplatz hat. Führungskräfte sind somit laut Betriebsverfassung dazu verpflichtet, sich jedem Konflikt, der ihnen zugetragen wird, anzunehmen und nach einer Lösung zu forschen. Führungskräfte selbst, das zeigen die geführten Interviews, sehen sich oftmals nicht nur in der klassischen Führungsrolle, sondern auch als Ansprechpartner. Die meisten Führungskräfte sagten, dass sie Gespräche führen würden, wenn sie von einem Cybermobbingfall wüssten und zeigen damit, dass sie sich einem Konflikt annehmen würden. Ob Betriebsvereinbarungen in der Form notwendig sind wie sie vom englischen Unternehmen praktiziert werden, ist fraglich. Allerdings geben Betriebsvereinbarungen Sicherheit und Aufschluss, weil sie darstellen, welche Handlungsregeln jeder Einzelne im Unternehmen zu befolgen hat. Führungskräfte nehmen dabei eine herausfordernde Sonderrolle ein, da sie sich nicht nur an die Regeln halten müssen, sondern auch für deren Einhaltung bei den übrigen Mitarbeitern zuständig sind.

4.1.5 Einrichten einer Anlaufstelle

Einige Unternehmen haben die präventive Wirkung von Anlaufstellen erkannt und diese eingerichtet. Oftmals dient dort eine Person als Ansprechpartner, Vertrauensperson und Beauftragter für bestimmte Konflikte. Die öffentliche Einrichtung, in der *Lehmann* arbeitet, hat einen Mobbingbeauftragten und einen sozialen Ansprechpartner. Im Zuge der Bekämpfung von Cybermobbing am Arbeitsplatz würde *Lehmann* beide Personen einbinden.[79] Inwieweit sich Mobbingbeauftragte mit der speziellen Form des Cybermobbings auskennen, ist nicht ersichtlich. Die entsprechende Kompetenz zur Lösung eines solchen Konfliktfalls traut *Lehmann* dem Beauftragten jedoch zu, wenn er diesen zu einem Gespräch heranziehen würde. Die Tatsache, dass es einen Mobbingbeauftragten, aber keinen Cybermobbingbeauftragten gibt, lässt entweder darauf schließen, dass Cybermobbing kaum stattfindet, nicht erkannt wird oder es an der Notwendigkeit eines solch speziellen Beauftragten mangelt, da Mobbing selbst ein großer Themenkomplex ist, unter den das Cybermobbing häufig gefasst wird (vgl. 2.1.2). Auch im Unternehmen von *Müller* gibt es keinen direkten Cybermobbingbeauftragen, jedoch eine übergeordnete, von den Mitarbeitern gewählte, Vertrauensperson, die eine Schnittstelle zwischen Mitarbeitern und Führungskräften darstellt und Personen bei Konflikten an einen Tisch bringt. Diese Vertrauensperson befasst sich allerdings mit jeglicher Art von Konflikten und ist nicht auf eine bestimmte Form spezialisiert.[80] Der Vorteil einer solchen Vertrauensperson ist, dass sie mehrheitlich von den Mitarbeitern gewählt wurde und daher auch als solche anerkannt und akzeptiert wird. Entscheidend ist vor allem die Person

[79] Vgl. Anhang, 68.
[80] Vgl. Anhang, 63.

selbst, die die Rolle als Vertrauensperson einnimmt. Um als Ansprechpartner und Vertrauensperson agieren zu können, werden unter anderem entsprechende soziale Kompetenzen, Einfühlungsvermögen, Kommunikations- und Problemlösungsfähigkeiten sowie weitergehende Kenntnisse im Bereich der Psychologie und des Arbeitsrechts erfordert. Eine Vertrauensperson oder eine Anlaufstelle können die Funktion eines innerbetrieblichen Frühwarnsystems übernehmen, indem sie eine konfliktpräventive Maßnahme darstellen, die auch als Ventil fungiert und damit Aggressionen und Frustrationen abbauen kann.[81] Die Aufgaben der Anlaufstellen bzw. des entsprechenden Beauftragten sind anspruchsvoll, doch die Arbeit rentiert sich, da schwerwiegende Konflikte unter Mitwirkung des entsprechenden Beauftragten zunehmend zu einem zufriedenstellenden Ende gebracht werden.[82] Anlaufstellen bzw. Beauftragte sind gleichermaßen Hilfestellungen für Führungskräfte und Mitarbeiter. Mitarbeiter können sich jederzeit hilfesuchend an solche Anlaufstellen wenden und tragen das Problem nicht zwingend an die Führungskraft heran, während Führungskräfte sich von den Beauftragten nicht nur Informationen einholen, sondern sie auch als schlichtende Person in ein Gespräch bezüglich des Konflikts einbinden können. *Lehmann* nähme die Hilfe des Mobbingbeauftragten in Anspruch, um beim Lösen des Konfliktes zum einen Unterstützung zu erfahren und zum anderen eine geschulte Person an der Seite zu haben, in deren Kenntnisbereich es fällt, wie mit solchen Konflikten umgegangen werden sollte.[83] Das eigene Handeln kann eine Führungskraft jedoch auch auf ein Minimum reduzieren, indem die eigentliche Auseinandersetzung mit dem Konflikt in den Kompetenzbereich der Anlaufstelle übertragen wird. Die Interviewantworten der Führungskräfte deuten jedoch darauf hin, dass die befragten Führungskräfte die Anlaufstellen als zusätzliche Hilfestellung zur Lösung des Konfliktes nutzen und die Arbeit der Anlaufstelle nicht ausnutzen, indem der Konflikt an diese überwiesen wird, damit er aus dem eigenen Kompetenzbereich fällt.

4.1.6 Mitarbeiterbefragungen/Mitarbeitergespräche

Regelmäßige Gespräche halten 40% der befragten Führungskräfte für eine wichtige Maßnahme, um Cybermobbing im Vorfeld entgegenzuwirken. *Wehl* betont die Wichtigkeit von regelmäßigen Gesprächen, in denen Mitarbeitern die Gelegenheit gegeben wird, Probleme anzusprechen. Dabei soll möglichem Aggressionspotenzial schon frühzeitig entgegengewirkt werden, um Cybermobbing weitgehend zu verhindern.[84] Auch *Heger* führt regelmäßig

[81] Vgl. *Kolodej, Christa*, Mobbing, Psychoterror am Arbeitsplatz und seine Bewältigung, Wien (Facultas) 2005, 161-162.
[82] Vgl. *Esser, Axel/Wolmerath, Martin*, Mobbing und psychische Gewalt, Der Ratgeber für Betroffene und ihre Interessenvertretung, Frankfurt am Main (Bund-Verlag) 8. Aufl. 2011, 95.
[83] Vgl. Anhang, 68.
[84] Vgl. Anhang, 71.

Mitarbeitergespräche. In diesen sollen Mitarbeiter zum einen beurteilt und zum anderen auch nach ihrem allgemeinen Befinden und dem hinsichtlich der Arbeit befragt werden. Ziel seiner Gespräche ist es, die Zufriedenheit des Mitarbeiters aufrechtzuhalten oder wiederherzustellen.[85] *Lehmann* setzt auf teamorientierte Personalpolitik, bei der Einzelgespräche mit den Mitarbeitern geführt werden sollen, aus denen die Persönlichkeit bzw. der Charakter des Mitarbeiters hervor geht. Darin sieht er die Möglichkeit, auffällige Menschen unter Beobachtung zu stellen und früh einzugreifen, falls ein Konflikt droht.[86] Auch *Günther* vertraut auf Gespräche mit Mitarbeitern und betont, ebenso wie *Lehmann*, dass Cybermobbing dennoch nicht gänzlich verhindert werden kann.[87] Inwieweit eine gezielte Befragung der Mitarbeiter während der Gespräche stattfindet, geht aus den Interviews nicht explizit hervor. Außerdem wird nicht deutlich, ob mit jedem Mitarbeiter regelmäßige Gespräche stattfinden oder ob sich die Gespräche nach Bedarf, Zufall oder bestimmten Mitarbeitern richten. Gespräche sollen laut *Kolodej* zur Abklärung von Ansprüchen und Erwartungen der jeweiligen Seiten dienen. Die Gespräche finden damit mitarbeiterindividuell und persönlich statt. Unklarheiten können somit diskutiert und frühzeitig beseitigt werden, bevor sie zu möglichen Unsicherheiten führen. Außerdem geben die Gespräche die Möglichkeit zur Förderung des Mitarbeiters, aber auch zur Besprechung von betrieblichen Zielen. Die Wichtigkeit der Auseinandersetzung mit aktuellen Konflikten innerhalb des Betriebs hält *Kolodej* dabei für eine wesentliche Aufgabe der einzelnen Gespräche. Hierbei soll die Möglichkeit zum Austausch über den Konflikt gegeben und eine Eskalation verhindert werden. Diese Plattform nutzen die befragten Führungskräfte als Prävention gegen Cybermobbing. Laut *Kolodej* haben die in den Vereinigten Staaten seit den 40er Jahren etablierten Mitarbeiterbefragungen, ausgehend von den durchgeführten Interviews, die dieser Studie zugrunde liegen, noch keinen großen Raum in deutschen Unternehmen gefunden. Mitarbeiterbefragungen dienen jedoch ebenso als Präventionsmaßnahme wie Gespräche. Ziel dieser Befragungen ist die Analyse betrieblicher Schwachstellen und das Aufdecken von Anhaltspunkte, die zu einer Verbesserung des Betriebsklimas beitragen. Durch das Eingehen auf Mitarbeiter, sei es durch Befragungen oder Gespräche, kann die Gefahr des Cybermobbings verhindert werden, da ein gutes Betriebsklima bereits präventiv wirkt (vgl. 4.1.1) und Mitarbeiter sich ernst genommen und wichtig fühlen, wenn ihnen Gehör für die eigene Meinung und Verbesserungsvorschläge geschenkt wird. Voraussetzung ist jedoch, dass die Befragungen evaluiert und innerhalb des Betriebs veröffentlicht werden. Je spezifischer und betriebsindividueller die Befragung auf ein be-

[85] Vgl. Anhang, 61.
[86] Vgl. Anhang, 69.
[87] Vgl. Anhang, 73.

stimmtes Thema ausgerichtet ist, desto wertvoller können die Antworten für künftiges Handeln sein.[88] Die Durchführung von Mitarbeitergesprächen und Befragungen liegt nicht im Aufgabenbereich des Mitarbeiters, sondern gehört zur Verantwortung der Führungskraft, die vor allem bei den Gesprächen auch als Ansprechpartner fungiert. Außerdem ist es Aufgabe der Führungskraft, die Antworten entsprechend zu bewerten und zu verwenden. Ein Gespräch allein stellt nicht unbedingt eine präventive Maßnahme dar, wenn es nach Beendigung gänzlich abgeschlossen ist. In manchen Fällen wird das Handeln einer Führungskraft über das Gespräch hinaus gefordert. Voraussetzung für ein erfolgreiches, dem Cybermobbing vorbeugendes, Gespräch ist allerdings auch, dass ein Ansprechpartner, mit dem Gespräche geführt werden, die entsprechenden sozialen Kompetenzen besitzt (vgl. 4.1.5).

4.1.7 Online-Vernetzung der Führungskraft

Keine der befragten Führungskräfte sprach als präventive Maßnahme gegen Cybermobbing die Online-Vernetzung an. Das Internet spielt als Kommunikationsmedium jedoch eine wesentliche Rolle und wird von zunehmend mehr Unternehmen genutzt, um Kundenmeinungen einzuholen oder Marketing für die eigenen Produkte zu betreiben.[89] Privat sind knapp 25 Millionen Deutsche aktive Nutzer des sozialen Netzwerks Facebook.[90] Diese Zahl deutet die Wichtigkeit der sozialen Netzwerke für Privatpersonen an. Insbesondere das Internet ist ein Raum, in dem Cybermobbing stattfindet (vgl. 2.1.2) und auch außerhalb der Arbeitszeiten ausgeübt werden kann, sofern Kollegen untereinander virtuell vernetzt sind. Dennoch sehen Führungskräfte scheinbar keine Notwendigkeit darin, sich mit ihren Mitarbeitern über den virtuellen Raum und damit auch über die Arbeitszeiten hinaus zu vernetzen. Es können lediglich Vermutungen darüber angestellt werden, warum Führungskräfte diese Möglichkeit nicht wahrnehmen. Einen wesentlichen Aspekt, der Aufschluss darüber geben kann, liefert *Holz*. Er betont, dass Cybermobbing ein Phänomen ist, das im privaten Bereich stattfindet und es ein Eingriff in die Privatsphäre der einzelnen Mitarbeiter wäre, wenn eine Überwachung dieser stattfinden würde.[91] Eine Vernetzung mit den Mitarbeitern in sozialen Netzwerken, die nicht lediglich mit der Arbeit zu tun haben, stellt für *Holz* somit einen Eingriff in die Privatsphäre der Mitarbeiter dar. *Lehmann* hingegen betont die Fürsorgepflicht der Führungskraft für seine Mitarbeiter und spricht in dem Zusammenhang von einer Wahrung der Persön-

---

[88] Vgl. *Kolodej, Christa*, Mobbing, Psychoterror am Arbeitsplatz und seine Bewältigung, Wien (Facultas) 2005, 164-165.

[89] Vgl. *Pleil, Thomas*, Mehr Wert schaffen, Social Media in der B2B-Kommunikation, Darmstadt (Books on Demand), 2010, 25.

[90] Vgl. *Statista*, Anzahl der aktiven Nutzer von Facebook in Deutschland von Juli 2009 bis August 2012, http://de.statista.com/statistik/daten/studie/70189/umfrage/nutzer-von-facebook-in-deutschland-seit-2009/, August 2012, abgerufen am 21.08.2012.

[91] Vgl. Anhang, 65.

lichkeitsrechte. Dies ist für ihn der ausschlaggebende Punkt, bei einem Cybermobbingfall einzugreifen.[92] Dennoch spricht auch *Lehmann* keine Online-Vernetzung der Führungskraft als Möglichkeit der Prävention an. Dies spricht jedoch für die Konsistenz seiner Worte, indem er selbst die Persönlichkeitsrechte der Mitarbeiter wahrt und nicht in ihre Privatsphäre eindringt. Möglicherweise würden Führungskräfte durch eine Online-Vernetzung mit ihren Mitarbeitern früher von einem Konflikt zwischen zwei Mitarbeitern erfahren bzw. einen Konflikt beobachten, den sie ohne diese Vernetzung möglicherweise nie mitbekommen hätten. Dies könnte allerdings eine Überwachung der Mitarbeiter darstellen, die *Holz* ablehnt. Datenschutzrechtlich gibt es keine Beschränkungen bei einer Vernetzung von Führungskraft und Mitarbeitern. Eine Überwachung am Arbeitsplatz hingegen ist nur unter bestimmten Voraussetzungen erlaubt und erstreckt sich nicht auf eine Inhaltskontrolle, sondern auf eine formelle Protokollierung, anhand derer sich nachvollziehen lässt, welche Ein- und Ausgänge auf einem Medium verzeichnet wurden und ob diese dienstlicher Natur waren. Dies gilt jedoch nur unter der Voraussetzung, dass der Arbeitgeber die private Nutzung der Arbeitsmedien ausdrücklich untersagt hat.[93] Dennoch gestehen die Führungskräfte ihren Mitarbeitern ihre Privatsphäre zu und tragen ihren Teil zur Wahrung der Persönlichkeitsrechte bei, indem sie nicht in den privaten Bereich des einzelnen Mitarbeiters eindringen.

4.1.8 Tracking

Unter Tracking wird eine Form der Nachverfolgung virtueller Aktivitäten verstanden. Am bekanntesten ist das sogenannte E-Mail-Tracking, das in diesem Untersuchungspunkt im Fokus steht. Durch das Tracking ist es möglich, bei Mails nachzuverfolgen, wann diese gelesen wurden und wo diese Einsicht stattfand.[94] Auch hier greifen die Datenschutzlinien, die besagen, dass höchstens eine formelle Protokollierung, nicht aber eine inhaltliche Kontrolle stattfinden darf. Allerdings gilt bei der E-Mail-Nutzung eine Besonderheit, da Arbeitgeber das Recht haben, geschäftliche Mails der Mitarbeiter stichprobenartig zu lesen. Auf private Mails lässt sich diese Richtlinie nur ausweiten, wenn ein begründeter Verdacht vorliegt, der etwa auf eine Straftat hinweist.[95] *Schmidt*, der als einzige Führungskraft das Tracking anspricht und nach eigener Aussage auch verwendet, liest alle Mails, die seine Mitarbeiter versenden oder selbst bekommen. In seinem Unternehmen ist das Netzwerk insofern einge-

[92] Vgl. Anhang, 68.
[93] Vgl. *o. V.*, Hilfe, mein Arbeitsplatz wird überwacht, http://arbeits-abc.de/hilfe-mein-arbeitsplatz-wird-ueberwacht/, o. J., abgerufen am 21.08.2012.
[94] Vgl. *Beisecker, Michael-A.*, Das Lexikon der PC-Fachbegriffe 2005/2006, Bonn (Verlag für deutsche Wirtschaft) 2005, 350.
[95] Vgl. *o. V.*, Hilfe, mein Arbeitsplatz wird überwacht, http://arbeits-abc.de/hilfe-mein-arbeitsplatz-wird-ueberwacht/, o. J., abgerufen am 21.08.2012.

richtet, dass automatisch alle Mails auch an sein Postfach weitergeleitet werden. Nach eigener Aussage sind seine Mitarbeiter jedoch darüber informiert.[96] Das Handeln von *Schmidt* verstößt trotz des Wissens seiner Mitarbeiter gegen die genannten geltenden Datenschutzrichtlinien, da eine permanente inhaltliche Kontrolle stattfindet, die über eine formelle Protokollierung hinausgeht. Weil alle Mails, die bei seinen Mitarbeitern ein- und ausgehen auch in sein Postfach geleitet werden, ist ein unerlaubter Eingriff in die Privatsphäre seiner Mitarbeiter gegeben, da er auch private Mails liest. Dennoch hat diese Medaille zwei Seiten. Auf der einen Seite liegt der Verstoß gegen die Datenschutzrichtlinien vor, was sich auch nicht durch das Wissen und Dulden seiner Mitarbeiter ändert. Auf der anderen Seite ist *Schmidt* jedoch die einzige Führungskraft, die im eigenen Unternehmen bereits einen Cybermobbingfall hatte, der durch *Schmidts* Überwachung der Mails aufgefallen ist und ihm damit die Möglichkeit gab, einzugreifen. Die rechtliche Perspektive erklärt sein Verhalten für inakzeptabel, während eine moralische Debatte möglicherweise zu einem anderen Ergebnis kommen würde. Letztendlich stellt das Lesen der Mails jedoch einen Eingriff in die Privatsphäre dar. Fraglich ist, welcher Zweck mit dem Lesen der Mails verfolgt wird. Es gibt unterschiedliche Untersuchungen dazu, ob die Kontrolle von Mitarbeitern zu besseren oder schlechteren Arbeitsleistungen führt. Die Ergebnisse reichen von gesteigerter Arbeitsleistung durch Kontrolle bis hin zu verminderter Produktivität aufgrund von Kontrolle.[97] Der Großteil der befragten Führungskräfte spricht jedoch von Vertrauen, Privatsphäre und Persönlichkeitsrechten, weshalb eine Überwachung und vermutlich auch eine formelle Protokollierung für sie nicht in Betracht kommt, solange kein begründeter Verdacht vorliegt. Möglicherweise würden sie einen Cybermobbingfall bei dieser Handhabung nicht im Frühstadium erkennen. Das Vertrauen in ihre Mitarbeiter, das auch das Vertrauen einschließt, die Führungskraft bei Konflikten zu konsultieren, hat in dem Zusammenhang für den Großteil der befragten Führungskräfte mehr Wert als die Kontrolle der Mitarbeiter.

4.2 Interventionsmaßnahmen von Führungskräften

4.2.1 Betriebsversammlung

Die Betriebsversammlung als Interventionsmaßnahme gegen Cybermobbing einzusetzen, scheint in Deutschland nicht gängig zu sein. Keine der befragten Führungskräfte sprach die Betriebsversammlung im Zusammenhang mit Cybermobbing an. Sie könnte jedoch ein geeignetes Instrument gegen Cybermobbing im Unternehmen darstellen, weil sie aus den

[96] Vgl. Anhang, 57.

[97] Vgl. *Grosse Frie, Kirstin*, Psychosoziale Arbeitsbelastungen und Versorgungsqualität bei chirurgisch tätigen Krankenhausärzten in Deutschland, Ein Strukturgleichungsmodell, Berlin (Hopf) 2010, 33-34.

Arbeitnehmern eines Betriebs besteht und unter Ausschluss der Öffentlichkeit stattfindet. Der Vorsitzende des Betriebsrates leitet durch die Versammlung.[98] In deutschen Unternehmen findet die Betriebsversammlung etwa zweimal im Jahr statt und kann eine die Mitarbeiter beeinflussende Wirkung haben, wenn Führungskräften ihre Chance der Kommunikation bei dieser Versammlung nutzen. Voraussetzung hierfür ist jedoch die Kommunikationsfähigkeit der Führungskraft. Des Weiteren wird erwartet, dass sich eine gute Führungskraft sorgfältig auf die Betriebsversammlung vorbereitet, um auf alle gestellten Fragen antworten zu können und damit die eigene Kompetenz zu unterstreichen. Die Betriebsversammlung gibt nicht nur den Mitarbeitern die Möglichkeit Fragen zu stellen, sondern auch den Führungskräften die Möglichkeit, die Versammlung als Chance zu nutzen, um innerbetriebliche Probleme anzusprechen und transparent zu machen. Hierbei ist es möglich, Mitarbeiter, die einen Anteil am innerbetrieblichen Problem haben, namentlich zu erwähnen. Dies kommt einer Bloßstellung vor den übrigen Arbeitnehmern gleich und wird von fast jedem Mitarbeiter gescheut. Mithilfe der Betriebsversammlung kann somit gegen Intriganten durch die öffentliche Entlarvung vorgegangen werden.[99] Dies ist für Konflikte aller Art denkbar und auch bei der Intervention gegen Cybermobbing einsetzbar. Falls die Betriebsversammlung jedoch als Instrument gegen Cybermobbing eingesetzt und der Täter damit entlarvt wird, müssen Führungskräfte sich darüber bewusst sein, dass sie diesen Konflikt für die gesamte Belegschaft aufdecken. Dies entspricht der dritten Phase des Verlaufsmodells von Mobbing und kann unter Umständen in eine vierte Phase übergehen, die möglicherweise dazu führt, dass sich das Opfer des Cybermobbing noch schlechter fühlt (vgl. 2.3). Dennoch kann die Entlarvung und gleichzeitige Bloßstellung des Täters vor allen Mitarbeitern eine abschreckende Wirkung auf mögliche Nachahmer haben. Wie die übrigen Mitarbeiter nach der Betriebsversammlung mit Täter und Opfer umgehen, kann jedoch nicht abgesehen werden. Damit kann die Betriebsversammlung eine Chance im Kampf gegen Cybermobbing am Arbeitsplatz darstellen, jedoch auch eine Gefahr, wenn die Führungskraft nicht kompetent genug ist, diese als Instrument richtig zu nutzen. In jedem Fall stellt die Betriebsversammlung für eine Führungskraft jedoch eine besondere Herausforderung dar, weil sie bei der Betriebsversammlung eine besondere Rolle einnehmen. Möglicherweise ist die „übliche" Betriebsversammlung, bei der eine Problematik wie Cybermobbing nicht angesprochen wird, für Führungskräfte herausfordernd genug, sodass sie in deutschen Unternehmen gar nicht erst als mögliches Maßnahmeninstrument gegen Cybermobbing in Erwägung gezogen wird.

---

[98] Vgl. *Betriebsverfassungsgesetz*, § 42 Absatz 1.
[99] Vgl. *Thomas, Rudolf F.*, Chefsache Mobbing, Souverän gegen Psychoterror am Arbeitsplatz, Wiesbaden (Gabler) 1993, 78-79.

4.2.2 Ehrliche Gespräche

Die durchgeführten Interviews zeigen, dass Führungskräfte Gespräche als wichtigste Methode ansehen, um Cybermobbing zu unterbinden. Jede befragte Führungskraft verwies auf ein Gespräch als Lösungsmöglichkeit. Hierbei gibt es jedoch verschiedene Möglichkeiten. Zum einen kann die Führungskraft Einzelgespräche mit den Betroffenen des Cybermobbingkonflikts führen und zum anderen kann ein gemeinsames Gespräch mit beiden Betroffenen erfolgen. Beide Möglichkeiten lassen sich auch verknüpfen, indem zunächst Einzelgespräche geführt werden und im Anschluss ein gemeinsames Gespräch folgt. 40% der befragten Führungskräfte würden direkt ein gemeinsames Gespräch veranlassen, während 60% zunächst Einzelgespräche führen würden.[100] Die Hälfte von ihnen würde im Anschluss ein Gespräch mit beiden Parteien führen, um den Konflikt zu lösen. Einzelgespräche werden von den Führungskräften jedoch mit unterschiedlichen Motiven geführt. *Jäger* verfolgt dabei beispielsweise das Ziel, die Standpunkte der Parteien zu erörtern und unvoreingenommen zu sein,[101] während sich Führungskraft *Heger* von dem Einzelgespräch ein unabhängiges Bild über den Konflikt verspricht.[102] Für *Müller* steht die Erörterung der Gründe des Konfliktes im Vordergrund, wenn er Gespräche mit den beteiligten Personen führt.[103] Letztendlich verfolgen die Führungskräfte mit unterschiedlichen Motiven innerhalb der Einzelgespräche das Oberziel, den Konflikt zu lösen. Die Methode ist im Allgemeinen durch das Führen von Gesprächen gleich, die Umsetzung variiert jedoch personenabhängig. Auch die Führungskräfte, die keine Einzelgespräche führen würden, sondern direkt beide Personen des Cybermobbingkonfliktes an einen Tisch bitten, verfolgen das übergeordnete Ziel, den Konflikt zu lösen. *Holz* würde die Personen beispielsweise gemeinsam mit dem Problem konfrontieren,[104] während *Günther* gezielte Fragen dazu stellen würde, warum sich die Mitarbeiter so verhalten, wie sie es tun.[105] Das direkte Gespräch zwischen Opfer und Täter im Beisein einer Führungskraft kann jedoch auch Gefahren bergen. Laut *Grünwald* und *Hille* zeigen Statistiken, dass sich manche Mobbingfälle in Betrieben nach einem solchen Gespräch noch verstärkt haben. Dies ist auch beim Cybermobbing denkbar. Daher ist es wichtig, beim Gespräch richtig vorzugehen. Erforderlich hierfür ist eine Gesprächsvorbereitung und ein entsprechendes Verhalten im Gespräch, bei dem Emotionen nach Möglichkeit vermieden werden sollten.[106] Besonders

[100] Vgl. Anhang, 54-73.
[101] Vgl. Anhang, 66.
[102] Vgl. Anhang, 60.
[103] Vgl. Anhang, 62.
[104] Vgl. Anhang, 64.
[105] Vgl. Anhang, 72.
[106] Vgl. *Grünwald, Marietta/Hille, Hans-Eduard*, Mobbing im Betrieb, Abwehrstrategien und Handlungsmöglichkeiten, München (Beck) 2003, 112-113.

wichtig ist, dass die Gespräche nicht oberflächlich stattfinden. Nach *Thomas* fällt es in den Aufgabenbereich der Führungskraft, den Dialog zu suchen und ein offenes, klärendes Gespräch einzufordern, das in die Tiefe der Problematik geht. Viele Mitarbeiter scheuen sich, die Führungskraft anzusprechen, weshalb eine Führungskraft mit Verantwortungs- und Hilfsbereitschaft ihre soziale Kompetenz beweist, indem sie auf die Mitarbeiter zugeht.[107] Dieses aktive Handeln einer Führungskraft ist keine festgeschriebene Pflicht, wird jedoch von praktizierenden Führungskräften wie *Jäger* vertreten. Dieser ist der Meinung, dass „gute Führungskräfte merken, wenn es ihren Mitarbeitern nicht gut geht."[108] Beim Einnehmen dieser Ansicht tragen Führungskräfte eine soziale Verantwortung für ihre Mitarbeiter. Dass Führungskräfte sich selbst in einer sozialverantwortlichen Stellung sehen, geht aus unterschiedlichen Interviewabschnitten hervor, in denen *Müller* zum Beispiel betont, dass er „Verantwortung für das Wohl"[109] seiner Mitarbeiter habe. Diese Rolle kann zu unbequemen Situationen, insbesondere bei Gesprächen und der direkten Konfrontation mit Problemen, führen. Trotz unangenehmer Wahrheiten und Tatsachen sind klare Worte häufig unumgänglich. *Thomas* rät sogar, dem Täter bewusst unbequeme Fragen zu stellen und ihn zu einem offenen Gespräch zu zwingen, das von vielen Menschen oftmals aus Angst vermieden wird. Dabei ist die richtige Führung des Gesprächs entscheidend. Zum einen sollten Gespräche in Gegenwart eines Zeugen abgehalten werden (wie beispielsweise in Anwesenheit eines speziellen Beauftragten, vgl. 4.1.5), zum anderen ist die konsequente und richtige Gesprächsführung wichtig. Das Gespräch der Führungskraft sollte eine erzieherische Wirkung haben, jedoch nicht in einen langatmigen Monolog mit forschem oder lautem Ton ausarten. Außerdem muss es konsequent von der Führungsperson durch präzise Fragen bestimmt werden und darf keine Abschweifungen zulassen. Weiterhin wird die Neutralität der Führungskraft betont, um ein erfolgreiches Gespräch zu führen.[110] Es wird deutlich, dass es viele Gesprächssituationen gibt, in denen Führungskräfte falsch handeln und den Erfolg des Gesprächs gefährden können. Ein einzelnes Gespräch, welche Gesprächsform auch immer gewählt wird, hat viele Stolpersteine und erfordert damit ein hohes Maß an (sozialer) Kompetenz der Führungskraft. Dennoch wird ein Gespräch als wichtigste Maßnahme bei der Intervention eines Cybermobbingkonflikts angesehen und scheinbar von jeder Führungskraft angewendet. Ob sie bei der Gesprächsführung bestimmte Regeln beachten, nach Erfahrung oder intuitiv handeln, ist nicht

---

[107] Vgl. *Thomas, Rudolf F.*, Chefsache Mobbing, Souverän gegen Psychoterror am Arbeitsplatz, Wiesbaden (Gabler) 1993, 91-92.
[108] Anhang, 67.
[109] Anhang, 62.
[110] Vgl. *Thomas, Rudolf F.*, Chefsache Mobbing, Souverän gegen Psychoterror am Arbeitsplatz, Wiesbaden (Gabler) 1993, 92-95.

ersichtlich. Mit dem Eingreifen in einen solchen Konflikt handeln sie aus einer sozialverantwortlichen Position heraus. Diese sozialverantwortliche Rolle, in der sich die meisten Führungskräfte selbst sehen, ist mit allen Facetten eine besondere Herausforderung.

4.2.3 Beobachtungen

30% der befragten Führungskräfte sehen Beobachtungen als hilfreiche Möglichkeit an, um Cybermobbing zu identifizieren bzw. von vornherein zu verhindern, indem auffällige Mitarbeiter von den Führungskräften beobachtet werden.[111] Obwohl die meisten der befragten Führungskräfte noch nie mit Cybermobbing im eigenen Unternehmen konfrontiert worden sind, kann nicht unbedingt davon ausgegangen werden, dass Cybermobbing nicht stattfindet. Denkbar ist, dass die meisten Opfer nicht darüber sprechen, da sie sich aus verschiedenen Gründen schämen und möglicherweise weitere Schikanen befürchten.[112] Daher ist es wichtig, betont *Holz*, der ein Eindringen in die Privatsphäre der eigenen Mitarbeiter ablehnt, dass Führungskräfte ein offenes Auge und Sensibilität für das Erleben der eigenen Mitarbeiter haben.[113] Dies entspricht einer allgemeinen Aufmerksamkeit gegenüber der Mitarbeiter. *König* und *Lehmann* hingegen sprechen sich für eine gezielte Beobachtung auffälliger Mitarbeiter aus. *König* erwähnt, dass innerhalb eines Teamgesprächs zum Thema Cybermobbing herausgefunden werden könne, welcher Mitarbeiter wie zu dem Thema steht. Dadurch ließe sich bestimmen, welcher Mitarbeiter genauer beobachtet werden sollte, sodass bei entsprechenden Verhaltenauffälligkeiten, die auf Cybermobbing hindeuten, sofort eingegriffen werden kann.[114] *Lehmann* vertritt eine ähnliche Auffassung, ist allerdings der Ansicht, dass Persönlichkeiten und Charaktere vor allem in Einzelgesprächen auszumachen sind. In Krisensituationen sei es möglich, bestimmte Charakterpunkte von Mitarbeitern herauszufinden, was Führungskräften dabei hilft, auffällige Mitarbeiter zu identifizieren und für längere Zeit zu beobachten.[115] Mit diesem Verhalten reagieren Führungskräfte auf die spezifische Problematik des Cybermobbing, dass es oftmals versteckt stattfinden kann und mögliche Opfer sich aus verschiedenen Gründen nicht bei Vorgesetzten melden, um den Konflikt anzusprechen. Dies erfordert eine hohe Aufmerksamkeit der Führungskräfte und die entsprechende Kompetenz, Beobachtungen richtig bewerten und einordnen zu können. Bei Beobachtungen könnte dies jedoch einen problematischen Aspekt darstellen, da Beobachtungen auf einer subjektiven Ebene stattfinden, die durch verschiedene, situationsbedingte Wahrnehmungen beeinflusst wird. Daher ist eine Beobachtung keine definitive Tatsache, sondern eine

[111] Vgl. Anhang 59, 65, 69.
[112] Vgl. *Stock, Christian*, Mobbing, Freiburg (Haufe) 2011, 49.
[113] Vgl. Anhang, 65.
[114] Vgl. Anhang, 59.
[115] Vgl. Anhang, 69.

eigene Empfindung, die neben der Situation vor allem durch Gewohnheiten und die eigene Lebenserfahrung des Beobachters geprägt wird.[116] Das bedeutet, dass erfahrene Führungskräfte vermutlich eher in der Lage sind, einen aufkeimenden Konflikt durch Beobachtungen festzustellen und damit früher eingreifen können. Doch nicht nur die Beobachtung vor oder während eines Konfliktes ist wichtig, sondern auch die Beobachtung nach einem (gelösten) Konflikt. Diese Beobachtung bezieht sich auf den Unternehmensbereich, in dem der Konflikt aufgekommen ist und begründet seine Notwendigkeit vor allem darin, dass der Täter wieder aktiv werden könnte.[117] Diese weitergehende Beobachtung wird von den befragten Führungskräften zwar nicht angesprochen, findet in der Praxis aber vermutlich Anwendung, wenn eine Beobachtung von Seiten der Führungskräfte bereits ohne direkten Konflikt stattfindet. Letztendlich stellt nicht nur die Anforderung einer erhöhten Aufmerksamkeit eine Herausforderung für die Führungskräfte dar, sondern auch die Tatsache, dass Beobachtungen richtig bewertet werden müssen und eine starke Einflussnahme von äußeren Faktoren weitgehend verhindert werden sollte.

4.2.4 Rechtliches Vorgehen/Sanktionen

Der Begriff und die Kenntnis um das Phänomen Mobbing sind nicht nur in der Öffentlichkeit (vgl. 2.1.1), sondern auch im juristischen Bereich verhältnismäßig jung. 1997 wurde der Begriff erstmals in der deutschen Rechtsprechung verwendet.[118] Cybermobbing hingegen ist noch jünger. Erst seit 2009 steht der Begriff im Duden.[119] Bislang gibt es kein konkretes Gesetz gegen Cybermobbing in Deutschland. Dennoch kann das Cybermobbing strafrechtliche Konsequenzen für den Täter haben, da die Persönlichkeitsrechte nach dem deutschen Grundgesetz auch am Arbeitsplatz gewahrt werden müssen und nicht verletzt werden dürfen.[120] Das Beschreiten des juristischen Weges ist meist die letzte Maßnahme, um gegen Mobbing bzw. gegen Cybermobbing am Arbeitsplatz vorzugehen. Oftmals ist die Maßnahme wirkungsvoll, sollte jedoch erst eingesetzt werden, wenn auf anderen Wegen keine übereinkommenden Lösungen mehr gefunden werden können.[121] Diese letzte mögliche Maßnahme sprach keine der Führungskräfte in den durchgeführten Interviews an. Die von ihnen genannten Maßnahmen bezogen sich größtenteils auf die persönliche Ebene und lassen den juristi-

---

[116] Vgl. *Lindemann, Holger*, systemisch beobachten – lösungsorientiert handeln, Ein Lehr-, Lern- und Arbeitsbuch für die pädagogische und betriebliche Praxis, Münster (Ökotopia) 2008, 13-14.
[117] Vgl. *Stock, Christian*, Mobbing, Freiburg (Haufe) 2011, 112.
[118] Vgl. *Kolodej, Christa*, Mobbing, Psychoterror am Arbeitsplatz und seine Bewältigung, Wien (Facultas) 2005, 124.
[119] Vgl. *o. V.*, Cybermobbing, das, http://www.duden.de/rechtschreibung/Cybermobbing, 2012, abgerufen am 02.09.2012.
[120] Vgl. *Grundgesetz*, Artikel 2 Absatz 1 in Verbindung mit *Grundgesetz*, Artikel 1 Absatz 1.
[121] Vgl. *Brinkmann, Ralf D.*, Mobbing, Bullying, Bossing, Treibjagd am Arbeitsplatz, Heidelberg (Sauer) 2. Aufl. 2002, 156-157.

schen Weg außen vor. Lediglich *König* sprach von Konsequenzen für den Täter. In seinen weiteren Ausführungen bezüglich der Konsequenzen ging er jedoch nicht auf juristische Maßnahmen ein, sondern auf Konsequenzen, die sich ausschließlich auf den Arbeitsbereich erstrecken, wie beispielsweise den Ausschluss von Projekten.[122] Dieses Beispiel ist eine mögliche Sanktionsmaßnahme, die der Macht der Führungskräfte obliegt. Im Grunde nehmen die Führungskräfte beim Verhängen von Sanktionen eine Rolle ein, die der des Richters ähnlich ist, da eine Strafe für unerwünschtes Fehlverhalten ausgesprochen wird. Dass Führungskräfte sich in einer sozialverantwortlichen Rolle mit Handlungspflicht sehen, ging bereits aus verschiedenen vorangegangenen Untersuchungspunkten hervor. In dieser Rolle ist es von Vorteil, wenn Führungskräfte die entsprechende Kenntnis über die rechtlichen Zusammenhänge in Bezug auf Cybermobbing kennen, da bereits der Hinweis auf Strafbarkeit zu einem Unterlassen des Cybermobbing führen kann.[123] Dennoch gibt es auch im juristischen Bereich Grenzen. *Esser* und *Wolmerath* verweisen unter anderem darauf, dass ein Richter in einem Prozess zwar über einen Rechtsstreit entscheidet, der dahinter liegende Konflikt jedoch selten durch das ausgesprochene Urteil bewältigt wird.[124] Letztendlich können Opfer Unterlassungs- und Entschädigungsansprüche gegen den Täter geltend machen.[125] Der dahinter liegende Konflikt wird damit jedoch nicht behoben, sondern lediglich durch das rechtliche Vorgehen unterbunden, sofern die Beteiligten dem Rechtsspruch folgen. Damit kommt den Führungskräften die Verantwortung zu, dass weitere Maßnahmen von ihnen ergriffen werden müssen, um den Konflikt endgültig zu beenden. Im letzten Schritt ist es Führungskräften dabei möglich, den Täter durch eine Kündigung vom Unternehmen auszuschließen.[126] Damit würden sie ihrer sozialverantwortlichen Rolle nachkommen und für die übrigen Mitarbeiter, sowie möglicherweise auch für die Öffentlichkeit, ein Zeichen gegen Cybermobbing setzen und sowohl im Wohl des Opfers als auch im Wohl des Unternehmens handeln (vgl. 2.4.1 und 2.4.2).

---

[122] Vgl. Anhang. 58.

[123] Vgl. *Brinkmann, Ralf D.*, Mobbing, Bullying, Bossing, Treibjagd am Arbeitsplatz, Heidelberg (Sauer) 2. Aufl. 2002, 157.

[124] Vgl. *Esser, Axel/Wolmerath, Martin*, Mobbing und psychische Gewalt, Der Ratgeber für Betroffene und ihre Interessenvertretung, Frankfurt am Main (Bund-Verlag) 8. Aufl. 2011, 165.

[125] Vgl. *Grünwald, Marietta/Hille, Hans-Eduard*, Mobbing im Betrieb, Abwehrstrategien und Handlungsmöglichkeiten, München (Beck) 2003, 136.

[126] Vgl. *o. V.*, Mobbing, erkennen, vorbeugen und erfolgreich zur Wehr setzen, München (compact) 2008, 136.

4.2.5 Einschränkung der Mediennutzung/Sperren

Führungskraft *Müller* spricht als einzige der befragten Führungskräfte diese Interventionsmaßnahme an und würde einem Mitarbeiter, der Cybermobbinghandlungen ausübt, die Mediennutzung nicht nur einschränken, sondern verbieten, sofern sie für die auszuübende Tätigkeit nicht essentiell ist.[127] Voraussetzung für die Einschränkung der Mediennutzung ist jedoch, dass die Tätigkeit auch ohne oder nur mit geringer Mediennutzung ausgeübt werden kann. Durch den zunehmenden Einsatz von Medien am Arbeitsplatz und die damit einhergehende Veränderung von Aufgabenfeldern und Tätigkeitsbereichen ist dies eine besondere Herausforderung, die schwierig zu gestalten ist.[128] Möglicherweise ist dies der Grund, warum die übrigen Führungskräfte diese Interventionsmaßnahme nicht in Betracht ziehen. Wenn die Nutzung der Medien am Arbeitsplatz für die auszuübende Tätigkeit essentiell ist, ist es praktisch unmöglich, diese Maßnahme durchzusetzen, um das Cybermobbing zu unterbinden. Außerdem stellt sich die Frage, inwieweit eine solche Maßnahme zielführend ist. Ein spezifisches Merkmal von Cybermobbing ist die Entzeitlichung (vgl. 2.1.2). Das heißt, dass Führungskräfte diese Handlungen durch eine Einschränkung der Mediennutzung oder eine Sperre zwar am Arbeitsplatz unterbinden können, der Täter jedoch auch außerhalb seiner Arbeitszeit über die private Nutzung von Medien Handlungen gegen das Opfer vornehmen kann. Dieselbe Möglichkeit ergibt sich für die Maßnahme einer Sperre bestimmter Medien. Es kann erwirkt werden, dass bestimmte Medienbereiche, wie soziale Netzwerke, am Arbeitsplatz nicht mehr genutzt werden können, indem der Zugriff zu solchen Bereichen auf dem jeweiligen Medium gesperrt wird. *Porsche* ergriff eine solche Maßnahme und verhängte ein Verbot der Nutzung vom sozialen Netzwerk Facebook während der Arbeitszeit. Diese ist allerdings nicht als Interventionsmaßnahme gegen Cybermobbing ergriffen worden, sondern durch die Befürchtung, das Unternehmen könne ausspioniert werden.[129] Die Umsetzung einer solchen Sperre liegt, wie das Beispiel *Porsche* zeigt, im Bereich des Möglichen. Dennoch wird Cybermobbing dadurch nicht gänzlich unterbunden, da der Täter noch immer die Möglichkeit hat, das Opfer außerhalb der Arbeitszeit durch die private Nutzung von Medien zu kontaktieren. Dies wirft die Frage nach der Sinnhaftigkeit einer solchen Interventionsmaßnahme auf. Zum einen ist die Durchsetzung dieser Maßnahme äußerst schwierig und zum anderen wird Cybermobbing damit lediglich während der Arbeitszeit, nicht aber generell am Arbeitsplatz unterbunden, da der wirkliche Konflikt nicht gelöst wird. Somit ist das alleinige Ergreifen

---

[127] Vgl. Anhang, 62.

[128] Vgl. *Bundesanstalt für Arbeitsschutz und Arbeitsmedizin*, Steigende Informationsflut am Arbeitsplatz: belastungsungünstiger Umgang mit den neuen Medien (E-Mail, Internet), Arbeitspapier, Dortmund, 2002, 1.

[129] Vgl. *kas*, Porsche: Facebook-Verbot für alle Mitarbeiter, http://business.chip.de/news/Porsche-Facebook-Verbot-fuer-alle-Mitarbeiter_45131276.html, 11.10.2012, abgerufen am 02.09.2012.

dieser Maßnahme nicht zielführend. Führungskräfte müssen daher weitere Maßnahmen ergreifen, die diese Interventionsmaßnahme entweder ergänzen oder die zielführender sind als eine Einschränkung der Mediennutzung bzw. Sperren bestimmter Medienbereiche.

4.2.6 Versetzung an einen medienfreien Arbeitsplatz

Im Gegensatz zum vorangegangen Untersuchungspunkt (4.2.5) geht es bei der Versetzung an einen medienfreien Arbeitsplatz nicht mehr um die Einschränkung der Mediennutzung bzw. die Sperrung bestimmter Medienbereiche am Arbeitsplatz, sondern um eine Versetzung an einen medienfreien Arbeitsplatz, die oftmals auch mit einer Veränderung der Tätigkeit einhergeht. Würde die bisher ausgeübte Tätigkeit auch ohne Medien weiterhin ausgeführt werden können, wäre der Einsatz von Medien an diesem Arbeitsplatz von vornherein nutzlos gewesen. Auf diese Möglichkeit geht jedoch keine der befragten Führungskräfte in den Interviews explizit ein. Lediglich *Lehmann* spricht von der Möglichkeit die ‚Bordmittel' zu ändern.[130] Da fraglich ist, was mit dem Begriff der Bordmittel genau gemeint ist und auch die Literatur keinen Aufschluss gibt, wird in Zusammenhang mit dieser Interventionsmaßnahme nicht näher auf die Aussage eingegangen, da Spekulationen keinen Nährwert für die Untersuchung haben. Es ist jedoch auffällig, dass diese Interventionsmaßnahme von den Führungskräften nicht ausdrücklich genannt wird, um gegen Cybermobbing vorzugehen. Auch die Literatur geht nicht auf diese Maßnahme ein. Die dadurch entstehenden Kosten und der Aufwand eines Unternehmens könnten mögliche Gründe sein. Falls ein Mitarbeiter an einen medienfreien Arbeitsplatz versetzt wird, ändert sich oftmals der Tätigkeitsbereich und möglicherweise sogar das Berufsfeld. Damit der Mitarbeiter für diesen Bereich auch qualifiziert ist, können kostenpflichtige Schulungen absolviert werden, die die entsprechenden Kompetenzen für diesen Tätigkeitsbereich vermitteln, was im Grunde einer Umschulung entspricht, die allerdings nicht als solche anerkannt und bezeichnet wird.[131] Dies würde zu dem Ziel führen, den Mitarbeiter an eine andere Stelle zu versetzen und das Cybermobbing während der Arbeitszeit zu unterbinden. Doch auch hier kann das Cybermobbing durch die private Nutzung von Medien außerhalb der Arbeitszeit ausgeübt werden (vgl. 4.2.5). Die Versetzung an einen medienfreien Arbeitsplatz kann möglicherweise auch mit der Versetzung an einen anderen Unternehmensstandort einhergehen, würde die Problematik der Entzeitlichung jedoch nicht lösen. Voraussetzung dafür ist allerdings, dass es eine entsprechend vakante Stelle gibt. Möglicherweise würde durch diese von einer Führungskraft ergriffene Maßnahme jedoch das schlechte Verhältnis zwischen Täter und Opfer weiterhin wachsen.

---

[130] Vgl. Anhang, 68.
[131] Vgl. *Jung, Hans*, Personalwirtschaft, München (Oldenbourg) 9. Aufl. 2011, 266-267.

Damit würde das Ziel nicht nur verfehlt, sondern das Cybermobbing unter Umständen noch verstärkt werden. Problematisch ist bei dieser Maßnahme, wie auch bei 4.2.5, dass eine Maßnahme ergriffen werden würde, die nicht darauf abzielt gegen die Ursache bzw. den eigentlichen Konflikt, vorzugehen. Die Maßnahme allein wirkt lediglich gegen die Cybermobbinghandlung am Arbeitsplatz aber nicht gegen die Gründe für diese Handlungen. Damit ist es auch schwierig, den Konflikt des Cybermobbing zu lösen. Dies könnte ein weiterer Grund dafür sein, dass die Führungskräfte diese Maßnahme nicht anführen. Sie würde zwar zu dem gewünschten Ziel führen, die Cybermobbinghandlungen während der Arbeitszeit zu unterbinden, sie würden das Problem jedoch nicht lösen und das Cybermobbing nicht gänzlich unterbinden, da es sich in den privaten Bereich verlagern kann. Somit sind Führungskräfte gezwungen, weitergehende Maßnahmen zu ergreifen oder von Vornherein andere Maßnahmen zu wählen, die zielführender sind und das eigentliche Problem, den Konflikt zwischen zwei Mitarbeiter, lösen.

5 Ergebnisse

5.1 Zusammenfassung

Die Studie zeigt, dass Cybermobbing am Arbeitsplatz ein spezieller Konflikt mit weitreichenden Auswirkungen ist, der Außenstehenden meistens nicht auffällt. Führungskräfte stehen der Herausforderung gegenüber sowohl zum Wohl des Unternehmens als auch zum Wohl des Mitarbeiters Maßnahmen zu ergreifen, die Cybermobbing weitgehend verhindern bzw. unterbinden. Hierbei stehen den Führungskräften zahlreiche Maßnahmen zur Verfügung, die entweder präventiver oder intervenierender Natur sind.

Allgemein zeigt sich, dass viele Führungskräfte den Schlüssel zur Prävention in einem guten Miteinander bzw. in einem guten Betriebsklima sehen. Da dies eng mit dem Wohlbefinden des Mitarbeiters verknüpft ist, müssen Maßnahmen dahingehend ergriffen werden, dass Mitarbeiter sich an ihrem Arbeitsplatz wohl fühlen und mit ihren Arbeitsbedingungen zufrieden sind (vgl. 4.1.1). Es wird deutlich, dass viele Führungskräfte sich selbst in der Verantwortung sehen, das Wohl ihrer Mitarbeiter am Arbeitsplatz sicherzustellen. Hierfür werden von ihnen Gespräche und Befragungen durchgeführt, die Aufschluss über sich anbahnende Konflikte und die allgemeine Zufriedenheit des Mitarbeiters geben sollen (vgl. 4.1.6). Dabei nehmen Führungskräfte auch die Rolle eines Ansprechpartners ein. Sie fungieren in dem Moment als eine Anlaufstelle für Probleme. In einigen Unternehmen sind solche Anlaufstellen zwar eingerichtet, in den meisten Fällen ist dies jedoch eine Aufgabe, mit der Führungskräfte sich oftmals konfrontiert sehen, weil entsprechende Stellen häufig nicht in ein Unternehmen integriert sind (vgl. 4.1.5). Meist sind diese Gespräche mit bestimmten Erwartungen von Seiten des Mitarbeiters verknüpft. Wenn Konflikte in solchen Gesprächen angesprochen werden, dann wird vom Mitarbeiter erwartet, dass die Führungskraft über das Gespräch hinaus aktiv wird und Maßnahmen ergreift, um einen bestehenden Konflikt zu beheben. Dies erfordert Kommunikationsfähigkeit, entsprechende soziale Kompetenzen der Führungskraft und Vertrauen der Mitarbeiter gegenüber ihrer Führungsperson. Die befragten Führungskräfte sehen sich selbst oftmals in der Rolle einer Vertrauensperson bzw. eines Ansprechpartners und sind offen für die Probleme ihrer Mitarbeiter. Es wird jedoch auch die Auffassung vertreten, dass gute Führungskräfte merken, wenn es ihren Mitarbeitern nicht gut geht (vgl. 4.2.2). Daher sehen sich die Führungspersonen auch selbst in der Pflicht, auffällige Mitarbeiter zu beobachten und generell ein offenes Auge zu haben (vgl. 4.2.3). Der Fokus der befragten Führungskräfte liegt damit bei der Prävention auf der persönlichen Ebene, während die Literatur vorrangig die arbeitsorganisatorische Ebene anspricht. Arbeitsorganisatorische

Maßnahmen wie Aufklärungsveranstaltungen oder Betriebsvereinbarungen werden von den meisten Führungskräften nicht angesprochen und damit scheinbar nicht in Betracht gezogen und auch nicht durchgeführt (vgl. 4.1.2 und 4.1.4). Des Weiteren kommt für keine Führungskraft eine Online-Vernetzung mit den Mitarbeitern in sozialen Netzwerken sowie in der Regel auch keine Überwachung der Mitarbeiter infrage, da sie die Ansicht vertreten, dass damit gegen Persönlichkeitsrechte verstoßen bzw. die Privatsphäre des Mitarbeiters nicht geachtet wird (vgl. 4.1.7 und 4.1.8). Dies zeigt, dass Führungskräfte selbst nicht alle möglichen Maßnahmen ergreifen, um Cybermobbing frühzeitig zu erkennen. Es zeigt aber auch, dass Führungskräfte ihren Mitarbeitern vertrauen und ebenfalls darauf vertrauen, bei einem Konflikt von diesen angesprochen zu werden. Ein gutes Verhältnis zwischen Führungsperson und Mitarbeiter ist den meisten befragten Führungskräften sehr wichtig und oftmals Voraussetzung dafür, dass Mitarbeiter sich freiwillig bei Problemen an die Führungskraft wenden. Die Prävention von Cybermobbing am Arbeitsplatz stellt Führungskräfte damit vor vielfältige Herausforderungen, denen sie nur gewachsen sind, wenn sie die entsprechenden sozialen Kompetenzen im Umgang mit ihren Mitarbeitern besitzen. Positiv zu verzeichnen ist, dass die meisten befragten Führungskräfte die Führungsrolle zugleich mit einer sozialverantwortlichen Rolle in Verbindung bringen. Damit sind sie sich über die Herausforderungen bewusst, denen sie gegenüberstehen und sehen sich auch zugleich in der Pflicht, bei der Lösung sämtlicher Probleme, insbesondere jedoch beim Cybermobbing am Arbeitsplatz, mitzuwirken, wenn dies im eigenen Führungsbereich auftritt.

Wenn Cybermobbing bereits am Arbeitsplatz aufgetreten ist, stehen den Führungskräften nach entsprechender Kenntnis über dieses Problem zahlreiche Interventionsmaßnahmen zur Verfügung, um den Konflikt zu beheben bzw. die Situation zu deeskalieren. Die wichtigste aller Interventionsmaßnahmen stellen Gespräche dar. Alle befragten Führungskräfte führen entweder Einzelgespräche oder gemeinsame Gespräche mit den Beteiligten als entsprechende Maßnahme an. Einige Führungskräfte führen zunächst Einzelgespräche, bevor ein gemeinsames Gespräch mit allen Beteiligten folgt. Bei diesen Gesprächen geht zwar jede Führungskraft anders vor, letztendlich wird jedoch von allen das Ziel der Konfliktlösung verfolgt. Auch hier werden wieder die sozialen Kompetenzen einer Führungskraft gefordert, da ein Fehlverhalten in den Gesprächen im extremsten Fall zu einer Verschlimmerung des Konfliktes führen kann. Es scheint zwar, als wären Gespräche die beste Interventionsmaßnahme, jedoch bergen sie auch zahlreiche Gefahren, weshalb Führungskräften in diesem Moment einer besonderen Herausforderung gegenüberstehen, auf die sie sich sorgfältig vorbereiten sollten. Die Literatur gibt zwar zahlreiche Hinweise darauf, wie eine Führungskraft sich in solchen Gesprächen verhalten sollte, dennoch hängt der Gesprächsverlauf und damit der Erfolg des geführten Gesprächs maßgeblich von den Kompetenzen der Führungskraft ab, da die entsprechenden Verhaltensvorschläge auch richtig eingesetzt und letztendlich zielführend umgesetzt werden müssen (vgl. 4.2.2). Die Möglichkeit, Täter eines Cybermobbingkonfliktes die Mediennutzung weitgehend zu untersagen bzw. die Versetzung von Tätern an einen medienfreien Arbeitsplatz, spricht keine der befragten Führungskräfte an und ist damit scheinbar keine Maßnahme, die Führungskräfte als geeignet ansehen. Zum einen kann dies mit hohen Kosten einhergehen, da möglicherweise Schulungen stattfinden müssen und zum anderen sind diese Maßnahmen letztendlich nicht zielführend. Cybermobbinghandlungen würden damit zwar am Arbeitsplatz und somit während der Arbeitszeit unterbunden werden, jedoch nicht darüber hinaus. Außerdem wird der eigentliche Konflikt in diesem Zusammenhang nicht gelöst. Dies ist möglicherweise ein Grund dafür, warum auch das rechtliche Vorgehen, das oftmals als der letzte Schritt angesehen wird, von den Führungskräften nicht angesprochen wurde und damit in erster Linie nicht in Betracht gezogen wird. Gegen den Täter können zwar Urteile wie etwa eine Unterlassungsklage erwirkt werden, letztendlich wird die eigentliche Problematik, der Cybermobbingkonflikt, nicht gelöst. Das bedeutet, dass Führungskräfte gegen das Problem vorgehen, indem sie nach der Ursache forschen und nicht lediglich Maßnahmen ergreifen, die aktive Handlungen zwar unterbinden, das Problem jedoch nicht lösen. Dennoch wurden auch Sanktionen im Bereich des Arbeitsplatzes von Führungskräften erwähnt. Dies erstreckt sich auf Maßnahmen wie den Ausschluss von Projekten. Dennoch lösen auch Sanktionen das Problem nicht und müssen durch weitere intervenierende Maßnahmen ergänzt werden, die zielführend das Problem lösen. Auch bei den Interventionsmaßnahmen ist auffällig, dass Führungskräfte die Probleme auf der persönlichen Ebene lösen möchten und andere Maßnahmen wie das rechtliche Vorgehen zunächst nicht in Betracht ziehen.

Es zeigt sich eindeutig, dass Führungskräfte ihren Handlungsspielraum bei der Intervention gegen Cybermobbing am Arbeitsplatz als deutlich begrenzter sehen als bei der Prävention. Das bedeutet, dass das Durchführen von Präventionsmaßnahmen gegen Cybermobbing vermutlich einfacher ist als erforderliche Interventionsmaßnahmen, wenn bereits ein entsprechender Konflikt des Cybermobbing besteht. Letztendlich stehen Führungskräften sowohl bei der Prävention als auch bei der Intervention einer Reihe von Herausforderungen gegenüber, die der Führungsrolle neben der eigentlichen Arbeit einer Führungskraft, dem Verfolgen von Unternehmenszielen, zahlreiche Facetten wie die eines Ansprechpartners geben. Daher ist die Position einer Führungskraft mit einer anspruchsvollen sozialverantwortlichen Rolle verknüpft, in der Führungskräfte beim Auftreten eines Cybermobbingkonfliktes ihre soziale Kompetenz unter Beweis stellen müssen, um einen Konflikt nachhaltig zu lösen bzw. im Vorfeld zu verhindern.

5.2 Limitation

Aufgrund des begrenzten Umfangs der vorliegenden Studie ist es nicht möglich, alle Maßnahmen aufzuzeigen, die entweder präventiv oder intervenierend gegen Cybermobbing am Arbeitsplatz eingesetzt werden können. Die vorgestellten Maßnahmen spiegeln somit eine Auswahl möglicher Handlungen von Führungskräften wider. Ebenso wenig war es möglich, alle denkbaren Auswirkungen von Cybermobbing am Arbeitsplatz aufzuzeigen, die sich entweder für den betroffenen Mitarbeiter oder aber für das Unternehmen ergeben können. Insbesondere die ökonomischen Auswirkungen für Unternehmen konnten nur grob angerissen und nicht näher beschrieben werden. Außerdem ist es durch die fehlende Literatur in Hinblick auf das Cybermobbing am Arbeitsplatz schwierig, sichere Angaben über die Ursachen, die Entstehung, den Verlauf, die Auswirkungen und die verschiedenen Handlungsmöglichkeiten zu machen, da dies nicht empirisch belegt werden kann. Daher blieb lediglich die Möglichkeit eine eigene Bezugsquelle durch die geführten Interviews mit Führungskräften herzustellen und oftmals auf Literatur zurückzugreifen, die sich mit dem traditionellen Mobbing am Arbeitsplatz beschäftigt. Dies erfordert eine analoge Übertragung des traditionellen Mobbings zum Cybermobbing sowie Literaturquellen, die eine solche analoge Übertragung erlauben. Auch wenn Studien hinsichtlich der Ähnlichkeiten von Mobbing und Cybermobbing bestehen, erlaubt diese analoge Übertragung noch immer keine sicher fundierten Angaben, da es an expliziten Forschungsergebnissen im Bereich Cybermobbing am Arbeitsplatz mangelt. Das Erkenntnisinteresse der Untersuchung beschränkt sich daher größtenteils auf die Angaben der Führungskräfte in den Interviews, denen Repräsentativität unterstellt werden müsste, um allgemeingültige Aussagen zu treffen, die sowohl detailliert als auch sicher fundiert und begründet sind. Durch die Befragung von Führungskräften verschiedener Positionen und Branchen wurde zwar versucht, möglichst repräsentative Ergebnisse zu erhalten, jedoch lässt die begrenzte Interviewanzahl von zehn befragten Führungskräften keine sicheren, repräsentativen Ergebnisse zu. Dennoch dienen die Antworten der Führungskräfte durch ihre Häufigkeit als Indikator dafür, welche Maßnahmen häufig eingesetzt und damit als sinnvoll bzw. zielführend erachtet werden. Letztendlich stellt die Untersuchung insbesondere dar, welchen Herausforderungen Führungskräfte bei den einzelnen Maßnahmen gegenüberstehen und lässt eine Einordnung zu, inwiefern die angesprochenen Maßnahmen gegen Cybermobbing am Arbeitsplatz zielführend sind.

5.3 Implikation für die Forschung

Diese Studie zeigt, dass es in allen Bereichen großen Forschungsbedarf im Rahmen des Cybermobbings am Arbeitsplatz gibt. Zwar bestehen allgemeine Studien über Cybermobbing im privaten Raum, dennoch mangelt es an Forschungsergebnissen, die sich explizit auf Cybermobbing am Arbeitsplatz beziehen. Insbesondere durch die Darstellung der Auswirkungen in dieser Studie, die schlimmstenfalls im Selbstmord der von Cybermobbing betroffenen Person enden können (vgl. 2.4.1), ist ein fundierter Grund gegeben, Forschungen in diesem Bereich anzustellen. Durch den häufig notwendigen Rückgriff auf Literatur aus dem traditionellen Mobbingbereich, zeigt diese Studie ebenfalls, dass Forschungsbedarf vorhanden ist. Dieser besteht auf den fünf Feldern der Ursachen, der Entstehung, dem Verlauf, den Auswirkungen und vor allem den Handlungsmöglichkeiten im präventiven und intervenierenden Raum. Dies erfordert zum einen eine psychologische und sozialwissenschaftliche Forschung, jedoch auch eine ökonomische Forschung in Hinblick auf die Auswirkungen, die sich für das Unternehmen ergeben können, wenn ein Mitarbeiter unter Cybermobbing am Arbeitsplatz leidet. Sowohl die Ursachenforschung als auch die Forschung in Bezug auf Präventionsmaßnahmen sollten in den Fokus gestellt werden, damit Cybermobbing weitgehend verhindert und nicht entstehen kann.

5.4 Implikation für die Praxis

Trotz fehlender empirischer Belege zeigen die Interviews, wie die befragten Führungskräfte beim Cybermobbing am Arbeitsplatz präventiv und intervenierend vorgehen bzw. vorgehen würden. Häufig genannte Maßnahmen wie das Führen von Gesprächen (vgl. 4.2.2) sind ein Indikator dafür, wie Führungskräfte mit Konflikten solcher Art umgehen und können als Richtlinie verstanden werden, wie mit Cybermobbing am Arbeitsplatz umgegangen werden sollte. Damit ist zwar noch immer keine Allgemeingültigkeit gegeben, dennoch zeigt sich, welche Maßnahmen von den Führungskräften als besonders zielführend und damit erfolgreich bewertet werden. Da Führungskräfte oftmals langjährige Berufserfahrung vorweisen können, ist es legitim, häufig genannten Maßnahmen auch einen entsprechenden Wert in Bezug auf Cybermobbing am Arbeitsplatz zuzusprechen. Außerdem wurde erörtert, welche Maßnahmen letztendlich nicht zielführend sind, da sie nur punktuell ihre Wirkung haben, den Konflikt jedoch nicht langfristig lösen (vgl. z. B. 4.2.6). Die Untersuchung der verschiedenen Maßnahmen kann für die Praxis damit insofern von Wert sein, dass gezeigt wurde, welche Maßnahmen zielführender sind als andere. Auf diese Erkenntnisse können Führungskräfte zurückgreifen und dementsprechend beim Auftreten eines Cybermobbingfalls im Unternehmen handeln. In verschiedenen Untersuchungspunkten, wie etwa bei den Gesprächen finden sich unter anderem Vorschläge, wie diese Maßnahmen richtig umgesetzt werden und was beachtet werden sollte (vgl. 4.2.2). Dieser Informationen können Führungskräfte sich bedienen, um eine Maßnahme nicht nur auszuwählen, sondern sich auch entsprechend auf ihre Durchführung vorzubereiten. Außerdem gibt die Untersuchung Aufschluss darüber, welchen Herausforderungen Führungskräfte heutzutage gegenüber stehen und kann für Nachwuchsführungskräfte ein Anhaltspunkt sein, um sich zum einen mit der Rolle der Führungskraft auseinanderzusetzen und sich zum anderen darüber zu informieren, wie mit Konflikten bei Mitarbeitern generell und insbesondere in Bezug auf das Cybermobbing umgegangen werden kann.

5.5 Ausblick

Da es heutzutage fast keinen Arbeitsplatz mehr gibt, an dem nicht mit verschiedenen kommunikationsfähigen Medien gearbeitet wird, ist Cybermobbing am Arbeitsplatz ein Phänomen, das sich möglicherweise verstärkt und nicht abschwächt. Die Tatsache, dass die Mediennutzung in den letzten Jahren sowohl im privaten als auch im beruflichen Bereich zugenommen hat und es keine Anhaltspunkte dafür gibt, dass sich dies ändert, unterstützt die Vermutung, dass Cybermobbing in Zukunft möglicherweise verstärkt auftritt. Daher ist es wichtig, dass nicht nur im Bereich des Cybermobbings, sondern auch im Bereich der Mediennutzung am Arbeitsplatz weitergehende Forschung betrieben wird. Jedoch sollte nicht nur der Umgang mit den Medien am Arbeitsplatz, sondern auch die Wichtigkeit der Medien als berufliches Kommunikationsinstrument zwischen den Mitarbeitern erörtert werden. Ebenso wichtig ist es, die Wirkung zu erforschen, die sich durch das Medium als Kommunikationsinstrument am Arbeitsplatz zwischen Mitarbeitern ergibt. Diese Forschungsergebnisse wären unterstützend für die weitergehende Forschung im Bereich der Auswirkungen von Cybermobbing am Arbeitsplatz und können damit hilfreich für das Generieren optimaler Gegenmaßnahmen sein. Außerdem ergibt sich ein Forschungsbedarf, der sich auf die Rolle der Führungskraft bezieht. Verschiedene Führungsstile konnten in dieser Studie zwar nicht angesprochen werden, jedoch könnten sie eine besondere Wichtigkeit für das Cybermobbing am Arbeitsplatz haben. Es stellt sich die Frage, ob Cybermobbing am Arbeitsplatz bei bestimmten Führungsstilen eher selten auftritt bzw. ob bestimmte Führungsstile eine präventive Wirkung haben und ob es Stile gibt, die nicht ratsam sind, weil sie möglicherweise ein Zutun am Entstehen von Cybermobbing im beruflichen Bereich hätten. Der Führungskraft kommt allgemein eine wichtige Bedeutung in diesem Zusammenhang zu, bei der die Wichtigkeit dieser Rolle in allen Bereichen nicht durch Studien und Forschungen empirisch belegt ist. In Hinblick auf die Forschung der Gegenmaßnahmen können empirische Belege dieser Art hilfreich und unterstützend sein. Außerdem stellt sich die Frage, welche Kompetenzen eine Führungskraft heutzutage vereinen sollte, um ein Unternehmen bzw. einen Unternehmensbereich optimal zu führen und damit auch ein erfolgreiches Konfliktmanagement zu betreiben. Mit den entsprechenden empirischen Belegen wäre es zum einen möglich, die explizite Forschung in Bezug auf das Cybermobbing zu unterstützen und zum anderen Führungskräfte gezielt anhand bestimmter sozialer Kompetenzen in Kombination mit den geforderten fachlichen Kenntnissen auszuwählen, um eine Führungsposition mit einer Person zu besetzen, die in allen Bereichen sowohl fachlich als auch sozial kompetent handeln kann.

Literaturverzeichnis

Badura, Bernhard et al., Fehlzeiten-Report 2009, Arbeit und Psyche: Belastungen reduzieren – Wohlbefinden fördern, Heidelberg (Springer) 2010.

Beisecker, Michael-A., Das Lexikon der PC-Fachbegriffe 2005/2006, Bonn (Verlag für deutsche Wirtschaft) 2005.

Belsey, Bill, Home, http://www.cyberbullying.org/, o. J., abgerufen am 01.08.2012.

Betriebsverfassungsgesetz, §§ 42 Absatz 1, 77 Absatz 2 und 4.

Bierbrauer, Benjamin-Christian/Kröger, Sabrina/Radig, Carolin, Soziale Netzwerke – Chancen und Risiken, http://www.informatik.uni-oldenburg.de/~iug11/ebook11/iug11.pdf#page=101, Wintersemester 2011/2012, abgerufen am 03.08.2012.

Brinkmann, Ralf D., Mobbing, Bullying, Bossing – Treibjagd am Arbeitsplatz: Erkennen, Beeinflussen und Vermeiden systematischer Feindseligkeiten, Heidelberg (Sauer) 2. Aufl. 2002.

Bundesanstalt für Arbeitsschutz und Arbeitsmedizin, Steigende Informationsflut am Arbeitsplatz: belastungsungünstiger Umgang mit den neuen Medien (E-Mail, Internet), Arbeitspapier, Dortmund, 2002.

Cisneros, Francisco, J. et al., Conflict and Affective Reactions in Tourism Organizations, in: *Kusluvan, Salih*, Managing Employee Attitudes and Behaviors in the Tourism and Hospitality Industry, New York (Nova) 2003, 761-785.

Esser, Axel/Wolmerath, Martin, Mobbing und psychische Gewalt, Der Ratgeber für Betroffene und ihre Interessenvertretung, Frankfurt am Main (Bund-Verlag) 8. Aufl. 2011.

Fawzi, Nayla, Cyber-Mobbing, Ursachen und Auswirkungen von Mobbing im Internet, Baden-Baden (Nomos) 2009.

Grosse Frie, Kirstin, Psychosoziale Arbeitsbelastungen und Versorgungsqualität bei chirurgisch tätigen Krankenhausärzten in Deutschland, Ein Strukturgleichungsmodell, Berlin (Hopf) 2010.

Grundgesetz, Artikel 2 Absatz 1 in Verbindung mit *Grundgesetz*, Artikel 1 Absatz 1.

Grünwald, Marietta/Hille, Hans-Eduard, Mobbing im Betrieb, Abwehrstrategien und Handlungsmöglichkeiten, München (Beck) 2003.

Guderian, Claudia, Zwölf Strategien, die aus der Mobbing-Falle helfen, http://www.welt.de/gesundheit/psychologie/article13634747/Zwoelf-Strategien-die-aus-der-Mobbing-Falle-helfen.html, 03.10.2011, abgerufen am 03.08.2012.

Jung, Hans, Personalwirtschaft, München (Oldenbourg) 9. Aufl. 2011.

kas, Porsche: Facebook-Verbot für alle Mitarbeiter, http://business.chip.de/news/Porsche-Facebook-Verbot-fuer-alle-Mitarbeiter_45131276.html, 11.10.2012, abgerufen am 02.09.2012.

Kollmer, Norbert, Mobbing im Arbeitsverhältnis, Was Arbeitgeber dagegen tun können – und sollten, Heidelberg etc. (Rehm) 4. Aufl. 2007.

Kolodej, Christa, Mobbing, Psychoterror am Arbeitsplatz und seine Bewältigung, Wien (Facultas) 2005.

Kowalski, Robin M./Limber, Susan P., Electronic Bullying Among Middle School Students, in: Journal of Adolescent Health, 41 (2007), 22-30.

Kowalski, Robin M./Limber, Susan P./Agatston, Patricia W., Cyberbullying, Bullying in the Digital Age, Oxford (Blackwell Publishing) 2. Aufl. 2012.

Kutschler, Patric P./Seßler, Helmut, Kommunikation – Erfolgsfaktor in der Medizin, Heidelberg (Springer) 2007.

Leymann, Heinz, Mobbing, Psychoterror am Arbeitsplatz und wie man sich dagegen wehren kann, Reinbek (Rowohlt) 14. Aufl. 2009.

Lindemann, Holger, systemisch beobachten – lösungsorientiert handeln, Ein Lehr-, Lern- und Arbeitsbuch für die pädagogische und betriebliche Praxis, Münster (Ökotopia) 2008.

Luthe, Alfons/Weiskopf, Hans, Personalmanagement für Agenturen und Makler in der Versicherungswirtschaft, Karlsruhe (Verlag Versicherungswirtschaft) 2010.

Mayring, Philipp, Einführung in die qualitative Sozialforschung, Weinheim-Basel (Beltz) 5. Aufl. 2002.

Neges, Gertrud und Richard, Führungskraft und Team, Wien (Linde) 2007.

Nitschke, Maria, Arbeitsorganisation als Mobbingprävention, in: *Arentewicz, Gerd/Fleissner, Alfred* (Hrsg.), Arbeitsplatzkonflikte, Mobbing als Psychoterror am Arbeitsplatz, Ursachen, Folgen und Formen der Hilfe, Frankfurt am Main-Bern (Peter Lang) 2003, 349-359.

o. V., Mobbing, erkennen, vorbeugen und erfolgreich zur Wehr setzen, München (compact) 2008.

o. V., Cybermobbing, das, http://www.duden.de/rechtschreibung/Cybermobbing, 2012, abgerufen am 02.09.2012.

o. V., Hilfe, mein Arbeitsplatz wird überwacht, http://arbeits-abc.de/hilfe-mein-arbeitsplatz-wird-ueberwacht/, o. J., abgerufen am 21.08.2012.

Ollenik, Jochen, Mobbing am Arbeitsplatz, http://www.ruv.de/de/r_v_ratgeber/ausbildung_berufseinstieg/karrieretipps/6_mobbing.jsp, Juli 2012, abgerufen am 29.07.2012.

Pleil, Thomas, Mehr Wert schaffen, Social Media in der B2B-Kommunikation, Darmstadt (Books on Demand) 2010.

Resch, Martin, Wenn Arbeit krank macht, Frankfurt am Main (Ullstein) 1994.

Schiller-Stutz, Klaus, Systematische Betrachtungsweise und Lösungsansätze bei psychosozialem Stress und Mobbing am Arbeitsplatz, in: *Arentewicz, Gerd/Fleissner, Alfred* (Hrsg.), Arbeitsplatzkonflikte, Mobbing als Psychoterror am Arbeitsplatz. Ursachen, Folgen und Formen der Hilfe, Frankfurt am Main-Bern (Peter Lang) 2003, 431-445.

Schneck, Matthias H., Strategische Personalführung, Entwicklung eines integrativen Managementkonzepts, Berlin (Duncker & Humblot) 2000.

Statista, Anzahl der aktiven Nutzer von Facebook in Deutschland von Juli 2009 bis August 2012, http://de.statista.com/statistik/daten/studie/70189/umfrage/nutzer-von-facebook-in-deutschland-seit-2009/, August 2012, abgerufen am 21.08.2012.

Stock, Christian, Mobbing, Freiburg (Haufe) 2011.

Stumpf, Siegfried/Thomas, Alexander (Hrsg.), Teamarbeit und Teamentwicklung, Göttingen (Hogrefe) 2003.

Teuschel, Peter, Mobbing, Dynamik – Verlauf – gesundheitliche und soziale Folgen, Stuttgart (Schattauer) 2010.

Thomas, Rudolf F., Chefsache Mobbing, Souverän gegen Psychoterror am Arbeitsplatz, Wiesbaden (Gabler) 1993.

Volk, Georg, Betriebliches Gesundheitsmanagement im Spannungsfeld Mobbing - Führungskommunikation und Betriebsklima als Determinanten für die Entstehung von Mobbing, Diss. Otto-von-Guericke-Universität Magdeburg 2004.

Wachs, Sebastian, Bullying unter Schülern, Eine empirisch-quantitative Untersuchung unter besonderer Berücksichtigung des Cyberbullyings, Saarbrücken (VDM Verlag) 2009.

Webster, Chris, What is Cyberbullying?, http://www.cyberbullying.info/whatis/whatis.php, September 2011, abgerufen am 03.08.2012.

Wheeler, Hoyt N./Rojot, Jaques, Workplace Justice, Employment Obligations in International Perspective, South Carolina (University of South Carolina) 1992.

Willard, Nancy, E., Cyberbullying and Cyberthreats, Responding to the Challenge of Online Social Aggression, Threats, and Distress, New York (European Research Press) 2007.

Anhang

Interview/Fragebogen

Im Folgenden soll der Fragebogen, der dieser Studie zugrunde liegt, kurz vorgestellt werden. Folgende Fragen wurden den Führungskräften gestellt:

1. Wie ist die genaue Bezeichnung Ihrer Führungsposition?
2. Welcher Branche wird Ihr Unternehmen zugerechnet?
3. Denken Sie, dass Sie in Ihrer Position als Führungskraft handeln müssen, wenn Cybermobbing innerhalb Ihres Unternehmens stattfindet?
4. Warum denken Sie das?
5. Haben Sie schon einmal erlebt, dass Mobbing innerhalb Ihres Unternehmens unter Kollegen der gleichen Hierarchiestufe stattfand?
6. Haben Sie schon einmal erlebt, dass Cybermobbing innerhalb Ihres Unternehmens unter Kollegen der gleichen Hierarchiestufe stattfand? (Ja: Frage 7–14, Nein: 15–19)
7. Wie haben Sie davon erfahren?
8. In welchem Stadium des Mobbingkonfliktes haben Sie eingegriffen (Anbahnung des Konflikts/gezielte Mobbinghandlungen)?
9. Welche Maßnahmen haben Sie mit welchem Ziel ergriffen?
10. Was war das Ergebnis Ihrer Maßnahmen?
11. Wenn noch einmal ein ähnlicher Fall auftreten würde, würden Sie dieselben Maßnahmen wieder ergreifen?
12. Wenn nein, was würden Sie anders machen?
13. Schreibt die oberste Führungsebene vor, wie Sie beim Auftreten eines Cybermobbingfalls zu handeln haben?
14. Welche Möglichkeiten sehen Sie in Ihrer Position als Führungskraft, um Cybermobbing unter Kollegen von vornherein weitgehend zu verhindern?
15. Wenn Sie erfahren würden, dass Cybermobbing zwischen zwei Kollegen derselben Hierarchiestufe stattfindet, welche Maßnahmen würden Sie mit welchem Ziel ergreifen, um das Problem zu lösen?
16. In welchem Stadium des Cybermobbingkonfliktes halten Sie es für sinnvoll einzugreifen (Anbahnung des Konflikts/gezielte Mobbinghandlungen)?
17. Warum sollte Ihrer Meinung nach in diesem Stadium eingegriffen werden?
18. Schreibt die oberste Führungsebene vor, wie Sie beim Auftreten eines Cybermobbingfalls zu handeln haben?
19. Welche Möglichkeiten sehen Sie in Ihrer Position als Führungskraft, um Cybermobbing unter Kollegen von vornherein weitestgehend zu verhindern?

Die Fragen wurden allen Führungskräften in chronologischer Reihenfolge gestellt und konnten bis auf wenige Ausnahmen sowohl im Inhalt als auch in der Ausführlichkeit frei beantwortet werden. Eine Besonderheit des Fragebogens ist jedoch, dass der Fragebogen nach Frage 6 in zwei Abschnitte mit verschiedenen Fragen aufgeteilt ist. Jede Führungskraft bekommt nach der sechsten Frage nur die Fragen von einem der beiden Abschnitte gestellt. Ausschlaggebend dafür, welcher Abschnitt gewählt wird, ist die Beantwortung der sechsten Frage.

Die Fragen 1-6 wurden allen Führungskräften gestellt. Dabei sollte die erste Frage Aufschluss über die Führungsposition der befragten Führungskraft geben, während sich die zweite Frage auf die Branche des Unternehmens, in der die Führungskraft tätig ist, richtet. Diese Fragen sollen zeigen, dass Führungskräfte verschiedener Branchen und verschiedener Positionen befragt wurden und sich die Untersuchung nicht auf lediglich eine Branche und eine Führungsposition konzentriert. Mithilfe der Fragen 3 und 4 soll herausgefunden werden, inwiefern sich die befragten Führungskräfte in der Verantwortung sehen, beim Auftreten eines Cybermobbingfalls im Unternehmen zu handeln. Dies gibt außerdem auch allgemein Aufschluss darüber, wie Führungskräfte ihre Rolle selbst beurteilen. Ob im Unternehmen bereits ein Mobbing- bzw. Cybermobbingfall aufgetreten ist, soll mit den Fragen 5 und 6 herausgefunden werden. Eine besondere Wichtigkeit kommt dabei der sechsten Frage zu, da die Beantwortung dieser Frage ausschlaggebend dafür ist, welche Fragen im weiteren Verlauf des Interviews gestellt werden.

Wenn eine befragte Führungskraft bei Frage 6 die Angabe macht, dass im Unternehmen bereits ein Cybermobbingfall aufgetreten ist, werden anschließend die Fragen 7-14 gestellt. Die Fragen beziehen sich größtenteils auf den konkret im Unternehmen aufgetretenen Cybermobbingfall und sollen unter anderem Aufschluss darüber geben, wie eine Führungskraft von dem Fall erfahren hat und in welchem Stadium eingegriffen wurde (Fragen 7 und 8). Außerdem soll die Frage beantwortet werden, welche Maßnahmen mit welchem Ziel von der Führungskraft ergriffen wurden (Frage 9). Schließlich wird in Frage 10 nach dem Ergebnis dieser Maßnahme gefragt, was Aufschluss darüber geben soll, wie erfolgreich die ergriffene Maßnahme war. Bei den Fragen 11 und 12 sollte die Führungskraft selbstkritisch Stellung zu der Frage nehmen, ob sie dieselben Maßnahmen wieder ergreifen würden bzw. was sie anders machen würde. Ob die oberste Unternehmensebene vorschreibt, wie eine Führungskraft beim Auftreten eines Cybermobbingfalls zu handeln hat, ist Gegenstand der Frage 13 und soll Aufschluss darüber geben, wie frei eine Führungskraft in ihrem Handeln ist. Abschließend sollte in Frage 14 Auskunft darüber gegeben werden, welche präventiven Maßnahmen Führungskräfte aufgrund ihrer Position ergreifen können, um Cybermobbing von vornherein weitgehend zu verhindern. Dies gibt zum einen Aufschluss über den Handlungsspielraum der befragten Führungskraft und zeigt zum anderen, inwieweit eine Führungskraft sich selbst in der Verantwortung sieht, Cybermobbing bereits im Vorfeld weitgehend zu verhindern.

Gibt eine Führungskraft bei Frage 6 an, dass es im Unternehmen noch keinen Cybermobbingfall gab, so werden anschließend die Fragen 15-19 gestellt, die sich zum Großteil auf den hypothetischen Fall eines Cybermobbingkonfliktes im Unternehmen beziehen. Zunächst soll mit Frage 15 herausgefunden werden, welche Maßnahmen die befragte Führungskraft mit welchem Ziel ergreifen würde, wenn ein Cybermobbingkonflikt im Unternehmen auftritt. Anschließend soll die befragte Führungskraft Auskunft darüber geben, in welchem Konfliktstadium sie es für sinnvoll hält einzugreifen (Frage 16). Dies zeigt, ab welchem Zeitpunkt sich die Führungskraft in der Verantwortung sieht, bei einem Cybermobbingkonflikt Maßnahmen zu ergreifen. Warum die Führungskraft ein Eingreifen in diesem Stadium sinnvoll findet, soll in Frage 17 beantwortet werden und kann Aufschluss darüber geben, wie der generelle Umgang von Führungskräften mit Konflikten ist. Schließlich werden die letzten beiden Fragen (18 und 19) gestellt, die mit den Fragen 13 und 14 übereinstimmen.

Die Namen der Führungskräfte sind aus Gründen der Anonymität geändert worden.

Fragen an Jürgen Stocks

1.	Wie ist die genaue Bezeichnung Ihrer Führungsposition?
	Geschäftsführer.
2.	Welcher Branche wird Ihr Unternehmen zugerechnet?
	Lebensmittelbranche.
3.	Denken Sie, dass Sie in Ihrer Position als Führungskraft handeln müssen, wenn Cybermobbing innerhalb Ihres Unternehmens stattfindet?
	Jein.
4.	Warum denken Sie das?
	Ein Handeln ist dann notwendig, wenn es sich auf das gesamte Unternehmen auswirkt. Meine Mitarbeiter sind alt genug, persönliche Konflikte unter sich zu klären.
5.	Haben Sie schon einmal erlebt, dass Mobbing innerhalb Ihres Unternehmens unter Kollegen der gleichen Hierarchiestufe stattfand?
	Ja.
6.	Haben Sie schon einmal erlebt, dass Cybermobbing innerhalb Ihres Unternehmens unter Kollegen der gleichen Hierarchiestufe stattfand? (Ja: Frage 7–14, Nein: 15–19)
	Nein.

Die Fragen 7-14 wurden nicht gestellt.

15.	Wenn Sie erfahren würden, dass Cybermobbing zwischen zwei Kollegen derselben Hierarchiestufe stattfindet, welche Maßnahmen würden Sie mit welchem Ziel ergreifen, um das Problem zu lösen?
	Ich würde mit der Person sprechen, die mich darüber informiert hat, um herauszufinden, was dort stattfindet. Wenn es ein Konflikt ist, der das Unternehmenswohl bedroht, werde ich mit den betroffenen Personen sprechen und einen Verhaltensvertrag aufsetzen, der bei Nichtbeachtung zu Konsequenzen führt.
16.	In welchem Stadium des Cybermobbingkonfliktes halten Sie es für sinnvoll einzugreifen (Anbahnung des Konflikts/gezielte Mobbinghandlungen)?
	Sobald der Konflikt die Arbeitsleistung bedroht.
17.	Warum sollte Ihrer Meinung nach in diesem Stadium eingegriffen werden?
	Weil alle Mitarbeiter in einem Unternehmen arbeiten, das sie am Laufen halten möchten. Sobald das Wohl des Unternehmens nicht mehr sichergestellt ist, muss an den Stellschrauben gedreht werden.
18.	Schreibt die oberste Führungsebene vor, wie Sie beim Auftreten eines Cybermobbingfalls zu handeln haben?
	Nein.
19.	Welche Möglichkeiten sehen Sie in Ihrer Position als Führungskraft, um Cybermobbing unter Kollegen weitgehend zu verhindern?
	Ich finde fraglich, ob das wirklich in meinen Machtbereich fällt. Ich vertraue auf einen erwachsenen Umgang unter meinen Mitarbeitern und bin kein Kindergärtner.

Fragen an Alexander Schmidt

1.	Wie ist die genaue Bezeichnung Ihrer Führungsposition?
	Abteilungsleiter.
2.	Welcher Branche wird Ihr Unternehmen zugerechnet?
	Werbebranche.
3.	Denken Sie, dass Sie in Ihrer Position als Führungskraft handeln müssen, wenn Cybermobbing innerhalb Ihres Unternehmens stattfindet?
	Absolut.
4.	Warum denken Sie das?
	Weil ich nicht nur Verantwortung dafür habe, dass meine Mitarbeiter ihre entsprechende Leistung bringen, sondern auch die Verantwortung dafür, dass der Umgebungsrahmen stimmt, damit meine Mitarbeiter ihre Leistung überhaupt bringen können. Beim Cybermobbing ist der Umgebungsrahmen beeinträchtigt.
5.	Haben Sie schon einmal erlebt, dass Mobbing innerhalb Ihres Unternehmens unter Kollegen der gleichen Hierarchiestufe stattfand?
	Ja.
6.	Haben Sie schon einmal erlebt, dass Cybermobbing innerhalb Ihres Unternehmens unter Kollegen der gleichen Hierarchiestufe stattfand? (Ja: Frage 7–14, Nein: 15–19)
	Ja.
7.	Wie haben Sie davon erfahren?
	Alle Mails, die an meine Mitarbeiter geschickt oder von meinen Mitarbeitern verschickt werden, werden automatisch auch an mein Postfach gesendet. Ein externer Mitarbeiter hatte eine Mail geschickt, in der er eine Angestellte meiner Agentur persönlich beleidigte und nieder machte.
8.	In welchem Stadium des Mobbingkonfliktes haben Sie eingegriffen (Anbahnung des Konflikts/gezielte Mobbinghandlungen)?
	Durch die beleidigende Mail habe ich das erste Mal davon erfahren. Vorher sind mir allerdings keine Mobbinghandlungen aufgefallen, weil viele Dinge unseres Unternehmens auch telefonisch geregelt werden. Von vorherigen Konflikten zwischen den Personen habe ich somit auch nichts mitbekommen. Ich konnte somit erst eingreifen, als schon gezielte Handlungen vorlagen.
9.	Welche Maßnahmen haben Sie mit welchem Ziel ergriffen?
	Um das Ganze aufzuklären und zu beenden, habe ich meine Angestellte auf die Mail angesprochen und ein Gespräch mit ihr geführt, in dem ich sie nach dem Verhältnis und den bestehenden Problemen bezüglich des externen Mitarbeiters befragt habe. Im Anschluss habe ich ein Gespräch mit dem externen Mitarbeiter geführt, um die Gründe für seine Handlung zu erörtern.
10.	Was war das Ergebnis Ihrer Maßnahmen?
	Letztendlich schied der externe Mitarbeiter aus dem Unternehmen aus.
11.	Wenn noch einmal ein ähnlicher Fall stattfinden würde, würden Sie dieselben Maßnahmen wieder ergreifen?
	Ja, würde ich.
12.	Wenn nein, was würden Sie anders machen?
	-

13.	Schreibt die oberste Führungsebene vor, wie Sie beim Auftreten eines Cybermobbingfalls zu handeln haben?
	Nicht direkt. Den leitenden Angestellten wird empfohlen, bei aufkommenden Konflikten zunächst das Gespräch mit den Betroffenen zu suchen, bevor eigenmächtig weitergehende Maßnahmen ergriffen werden. Wie letztendlich wirklich gehandelt wird, entscheidet jedoch jeder leitende Angestellte für sich selbst.
14.	Welche Möglichkeiten sehen Sie in Ihrer Position als Führungskraft, um Cybermobbing unter Kollegen von vornherein weitgehend zu verhindern?
	Ein gutes Miteinander ist wichtig, damit ein angenehmes Betriebsklima herrscht, in der sich die Mitarbeiter wohl fühlen. Meine Mitarbeiter wissen außerdem darüber Bescheid, dass alle Mails, die sie bekommen und versenden, auch von mir gelesen werden. Das hat vielleicht auch eine abschreckende Funktion. Allerdings bietet das auch die Gefahr, dass andere Kanäle für erniedrigende Handlungen genutzt werden. Letztendlich denke ich, dass der Schlüssel zur Prävention in einem harmonierenden Team liegt.

Die Fragen 15-19 wurden nicht gestellt.

Fragen an Stephan König

1.	Wie ist die genaue Bezeichnung Ihrer Führungsposition?
	Teamleiter.
2.	Welcher Branche wird Ihr Unternehmen zugerechnet?
	IT-Branche.
3.	Denken Sie, dass Sie in Ihrer Position als Führungskraft handeln müssen, wenn Cybermobbing innerhalb Ihres Unternehmens stattfindet?
	Ja.
4.	Warum denken Sie das?
	Ein Team ist so stark wie sein schwächstes Glied. Ein schwelender Konflikt, welcher Art auch immer, kann sich negativ auf ein ganzes Team und deren Arbeitsleistung auswirken.
5.	Haben Sie schon einmal erlebt, dass Mobbing innerhalb Ihres Unternehmens unter Kollegen der gleichen Hierarchiestufe stattfand?
	Ja.
6.	Haben Sie schon einmal erlebt, dass Cybermobbing innerhalb Ihres Unternehmens unter Kollegen der gleichen Hierarchiestufe stattfand? (Ja: Frage 7–14, Nein: 15–19)
	Nein.

Die Fragen 7-14 wurden nicht gestellt.

15.	Wenn Sie erfahren würden, dass Cybermobbing zwischen zwei Kollegen derselben Hierarchiestufe stattfindet, welche Maßnahmen würden Sie mit welchem Ziel ergreifen, um das Problem zu lösen?
	Ich würde zunächst das Gespräch mit beiden Personen suchen, um das Problem zu lösen. Anschließend würde ich eine Teamversammlung organisieren, in der ich allgemein über diese Problematik spreche, um aufzuklären und zu verdeutlichen, dass ich ein solches Handeln in meinem Team nicht dulde. Ich würde an sie appellieren, mir solche auftretenden Konflikte wegen ihres eigenen Wohls und dem des Teams unverzüglich mitzuteilen. Außerdem kommen auf denjenigen, der den Konflikt initiiert hat, Konsequenzen zu. Zunächst wird er von Projekten ausgeschlossen, an denen das Opfer des Konfliktes beteiligt ist, um eine Distanz zwischen die Beteiligten zu bringen. Des Weiteren wird der Initiator einige Zeit unter Beobachtung stehen. Seine Handlungen werden solange kontrolliert bis sichergestellt ist, dass das nicht nochmal vorkommt.
16.	In welchem Stadium des Cybermobbingkonfliktes halten Sie es für sinnvoll einzugreifen (Anbahnung des Konflikts/gezielte Mobbinghandlungen)?
	So früh wie möglich.
17.	Warum sollte Ihrer Meinung nach in diesem Stadium eingegriffen werden?
	Es ist leichter, aufgewärmtes Wasser abzukühlen als kochendes. Je früher eingegriffen wird, desto eher, einfacher und schneller kann man den ursprünglichen Zustand wieder herstellen.
18.	Schreibt die oberste Führungsebene vor, wie Sie beim Auftreten eines Cybermobbingfalls zu handeln haben?
	Nein.

19. Welche Möglichkeiten sehen Sie in Ihrer Position als Führungskraft, um Cybermobbing unter Kollegen weitgehend zu verhindern?
Ich kann ein guter, vertrauensvoller Teamleiter sein, sodass aufkeimende Konflikte direkt an mich herangetragen werden. Die Problematik sollte angesprochen und im Team diskutiert werden. So erhält man auch einen Eindruck davon, wie die Teammitglieder zu dem Thema stehen. Das kann hilfreich sein, um bestimmte Leute genauer zu beobachten und sofort einzugreifen, sollte es zu Unstimmigkeiten kommen. Außerdem halte ich es für sinnvoll, von Anfang an deutlich zu machen, mit welchen Konsequenzen man bei welchen Handeln zu rechnen hat. Hätten wir keine Gesetze, wäre die Kriminalitätsrate wohl höher. So ist es auch im Unternehmen, nur dass der Kreis kleiner ist.

Fragen an Lukas Heger

1.	Wie ist die genaue Bezeichnung Ihrer Führungsposition?
	Leitender Angestellter.
2.	Welcher Branche wird Ihr Unternehmen zugerechnet?
	Finanzbranche.
3.	Denken Sie, dass Sie in Ihrer Position als Führungskraft handeln müssen, wenn Cybermobbing innerhalb Ihres Unternehmens stattfindet?
	Ja.
4.	Warum denken Sie das?
	Jeder Mitarbeiter ist ein Zahnrad im Getriebe des Unternehmens. Wenn ein Zahnrad hakt, kann das im schlimmsten Fall zum Stillstand des gesamten Getriebes führen. Da unser Unternehmen sehr klein ist, hat jeder einzelne Mitarbeiter starke Auswirkungen auf das Unternehmen und seinen wirtschaftlichen Stand.
5.	Haben Sie schon einmal erlebt, dass Mobbing innerhalb Ihres Unternehmens unter Kollegen der gleichen Hierarchiestufe stattfand?
	Nein.
6.	Haben Sie schon einmal erlebt, dass Cybermobbing innerhalb Ihres Unternehmens unter Kollegen der gleichen Hierarchiestufe stattfand? (Ja: Frage 7–14, Nein: 15–19)
	Nein.

Die Fragen 7-14 wurden nicht gestellt.

15.	Wenn Sie erfahren würden, dass Cybermobbing zwischen zwei Kollegen derselben Hierarchiestufe stattfindet, welche Maßnahmen würden Sie mit welchem Ziel ergreifen, um das Problem zu lösen?
	Ich würde Einzelgespräche mit den Beteiligten führen, um mir ein unabhängiges Bild zu machen. Anschließend würde ein Gespräch mit beiden Beteiligten folgen, in dem ich als Moderator agieren würde, damit beide ihren Konflikt lösen. Das oberste Ziel muss sein, eine Lösung zu finden, die für alle zufriedenstellend ist und ein weiteres Miteinander ermöglicht.
16.	In welchem Stadium des Cybermobbingkonfliktes halten Sie es für sinnvoll einzugreifen (Anbahnung des Konflikts/gezielte Mobbinghandlungen)?
	In der Anbahnung des Konflikts.
17.	Warum sollte Ihrer Meinung nach in diesem Stadium eingegriffen werden?
	Je stärker die Fronten verhärtet sind, desto schwieriger wird es einen Kompromiss und damit eine Lösung zu finden. Je früher eingelenkt wird, desto besser stehen die Chancen für eine schnelle Lösungsfindung.
18.	Schreibt die oberste Führungsebene vor, wie Sie beim Auftreten eines Cybermobbing falls zu handeln haben?
	Nein.

19. Welche Möglichkeiten sehen Sie in Ihrer Position als Führungskraft, um Cybermobbing unter Kollegen weitgehend zu verhindern?

Ich führe regelmäßig Mitarbeitergespräche, in denen ich sie nicht nur beurteile, sondern auch nach ihrem Befinden insbesondere in Bezug auf ihre Arbeit frage. Außerdem werden dabei die Arbeitsaufgaben besprochen. Wenn jemand unzufrieden ist, wird nach Lösungen gesucht, die Arbeit für diesen Mitarbeiter besser zu gestalten. Ich halte es für sinnvoll den Mitarbeitern viel Freiraum zu geben, daher hat jeder seinen eigenen separaten Schreibtisch und Gleitzeit. Ich habe gute Erfahrungen damit gemacht, die Mitarbeiter an der langen Leine zu halten.

Fragen an Heinrich Müller

1.	Wie ist die genaue Bezeichnung Ihrer Führungsposition?
	Produktionsleiter.
2.	Welcher Branche wird Ihr Unternehmen zugerechnet?
	Chemiebranche.
3.	Denken Sie, dass Sie in Ihrer Position als Führungskraft handeln müssen, wenn Cybermobbing innerhalb Ihres Unternehmens stattfindet?
	Ja.
4.	Warum denken Sie das?
	Weil ich eine Verantwortung für das Wohl meiner Mitarbeiter auf der Arbeit habe.
5.	Haben Sie schon einmal erlebt, dass Mobbing innerhalb Ihres Unternehmens unter Kollegen der gleichen Hierarchiestufe stattfand?
	Ja.
6.	Haben Sie schon einmal erlebt, dass Cybermobbing innerhalb Ihres Unternehmens unter Kollegen der gleichen Hierarchiestufe stattfand? (Ja: Frage 7–14, Nein: 15–19)
	Nein.

Die Fragen 7-14 wurden nicht gestellt.

15.	Wenn Sie erfahren würden, dass Cybermobbing zwischen zwei Kollegen derselben Hierarchiestufe stattfindet, welche Maßnahmen würden Sie mit welchem Ziel ergreifen, um das Problem zu lösen?
	Ich würde intensive Einzelgespräche mit den Beteiligten führen, um zum einen die Gründe herauszufinden und zum anderen die Auswirkungen weitgehend einzudämmen. Außerdem würde ich in den Einzelgesprächen danach fragen, welches Verhalten mir die beteiligte Person nun gegenüber der anderen beteiligten Person nahe legt. So kann ich herausfinden, wie negativ sich die beteiligten Personen gegenüber stehen. Wenn es möglich ist, würde ich auch verhindern, dass nochmal ein solcher Konflikt aufkeimen kann. Wenn eine Mediennutzung für den Arbeitsplatz nicht essentiell ist, wird sie demjenigen, der den Konflikt ausgelöst hat, zunächst auch nicht weiterhin gestattet.
16.	In welchem Stadium des Cybermobbingkonfliktes halten Sie es für sinnvoll einzugreifen (Anbahnung des Konflikts/gezielte Mobbinghandlungen)?
	Wenn möglich, dann definitiv in der Anbahnung.
17.	Warum sollte Ihrer Meinung nach in diesem Stadium eingegriffen werden?
	Einen Konflikt zu lösen, ist das eine. Je nachdem, wie ausgewachsen der Konflikt schon ist, kommt zu der Lösung jedoch auch noch die Schadensbegrenzung hinzu. Je früher eingegriffen wird, umso wahrscheinlicher ist es, dass es nicht zu einem Schaden kommt, den man rückwirkend begrenzen muss.
18.	Schreibt die oberste Führungsebene vor, wie Sie beim Auftreten eines Cybermobbing falls zu handeln haben?
	Nein.

19. Welche Möglichkeiten sehen Sie in Ihrer Position als Führungskraft, um Cybermobbing unter Kollegen weitgehend zu verhindern?

Einmal im Jahr wählen unsere Mitarbeiter eine übergeordnete Vertrauensperson, an die man sich wenden kann, wenn es Probleme auf der Arbeit gibt. Sie ist oftmals eine Schnittstelle zwischen Führungskräften und Angestellten, hat allerdings auch die Aufgabe, Personen bei Konflikten an einen Tisch zu bringen. Außerdem finden regelmäßig Gruppengespräche zwischen den Führungskräften statt, um sicherzustellen, dass ein gesundes Arbeitsklima herrscht. Des Weiteren werden Versammlungen mit den Mitarbeitern einzelner Bereiche abgehalten, in denen generelle Probleme angesprochen werden können. Wir sind immer darum bemüht, ein gutes Konfliktmanagement zu haben.

Fragen an Oliver Holz

1.	Wie ist die genaue Bezeichnung Ihrer Führungsposition?
	Head Concierge.
2.	Welcher Branche wird Ihr Unternehmen zugerechnet?
	Dienstleistungsgewerbe.
3.	Denken Sie, dass Sie in Ihrer Position als Führungskraft handeln müssen, wenn Cybermobbing innerhalb Ihres Unternehmens stattfindet?
	Ja, auf jeden Fall.
4.	Warum denken Sie das?
	Weil man die Mitarbeiter beschützen muss.
5.	Haben Sie schon einmal erlebt, dass Mobbing innerhalb Ihres Unternehmens unter Kollegen der gleichen Hierarchiestufe stattfand?
	Ja.
6.	Haben Sie schon einmal erlebt, dass Cybermobbing innerhalb Ihres Unternehmens unter Kollegen der gleichen Hierarchiestufe stattfand? (Ja: Frage 7–14, Nein: 15–19)
	Nein.

Die Fragen 7-14 wurden nicht gestellt.

15.	Wenn Sie erfahren würden, dass Cybermobbing zwischen zwei Kollegen derselben Hierarchiestufe stattfindet, welche Maßnahmen würden Sie mit welchem Ziel ergreifen, um das Problem zu lösen?
	Ich würde die beteiligten Personen als ersten Schritt zu einem gemeinsamen Gespräch einladen und mit dem Problem konfrontieren.
16.	In welchem Stadium des Cybermobbingkonfliktes halten Sie es für sinnvoll einzugreifen (Anbahnung des Konflikts/gezielte Mobbinghandlungen)?
	Im Stadium der Anbahnung
17.	Warum sollte Ihrer Meinung nach in diesem Stadium eingegriffen werden?
	Es ist sinnvoll so früh einzugreifen, bevor das Mobbing ausartet und es zu spät ist.
18.	Schreibt die oberste Führungsebene vor, wie Sie beim Auftreten eines Cybermobbing falls zu handeln haben?
	Nein, nicht direkt. Wenn ich allerdings nicht mehr wüsste, wie ich noch handeln sollte, würde ich natürlich in der obersten Führungsebene nachfragen.
19.	Welche Möglichkeiten sehen Sie in Ihrer Position als Führungskraft, um Cybermobbing unter Kollegen weitgehend zu verhindern?
	Da Cybermobbing recht privat stattfindet und es ein zu großer Eingriff in die Privatsphäre wäre, wenn man seine Mitarbeiter überwacht, sollte man ein offenes Auge haben und sensibel für das Erleben seiner Mitarbeiter sein.

Fragen an Günter Jäger

1. Wie ist die genaue Bezeichnung Ihrer Führungsposition?

   Prokurist.

2. Welcher Branche wird Ihr Unternehmen zugerechnet?

   Versicherungsbranche.

3. Denken Sie, dass Sie in Ihrer Position als Führungskraft handeln müssen, wenn Cybermobbing innerhalb Ihres Unternehmens stattfindet?

   Ja.

4. Warum denken Sie das?

   Weil es eine Frage der Arbeitsmoral, der Einstellung gegenüber der Mitarbeiter und des allgemeinen Betriebsklimas ist.

5. Haben Sie schon einmal erlebt, dass Mobbing innerhalb Ihres Unternehmens unter Kollegen der gleichen Hierarchiestufe stattfand?

   Ja.

6. Haben Sie schon einmal erlebt, dass Cybermobbing innerhalb Ihres Unternehmens unter Kollegen der gleichen Hierarchiestufe stattfand? (Ja: Frage 7–14, Nein: 15–19)

   Nein.

Die Fragen 7-14 wurden nicht gestellt.

15. Wenn Sie erfahren würden, dass Cybermobbing zwischen zwei Kollegen derselben Hierarchiestufe stattfindet, welche Maßnahmen würden Sie mit welchem Ziel ergreifen, um das Problem zu lösen?

    Zunächst würde ich ein Einzelgespräch mit beiden betroffenen Parteien führen, um die Standpunkte herauszufinden und unvoreingenommen zu sein. Anschließend würde ein gemeinsames Gespräch mit den Betroffenen erfolgen, um den Konflikt zu lösen.

16. In welchem Stadium des Cybermobbingkonfliktes halten Sie es für sinnvoll einzugreifen (Anbahnung des Konflikts/gezielte Mobbinghandlungen)?

    Im Stadium der Anbahnung des Konflikts.

17. Warum sollte Ihrer Meinung nach in diesem Stadium eingegriffen werden?

    Zu einem späteren Zeitpunkt könnten die Fronten schon zu verhärtet sein, sodass es schwieriger ist, den Konflikt zu lösen.

18. Schreibt die oberste Führungsebene vor, wie sie beim Auftreten eines Cybermobbing falls zu handeln haben?

    Nein.

19. Welche Möglichkeiten sehen Sie in Ihrer Position als Führungskraft, um Cybermobbing unter Kollegen weitgehend zu verhindern?

    Ich sehe die Möglichkeit der Schaffung eines guten Betriebsklimas, sodass es Mitarbeitern gut geht. Außerdem ist es wichtig, ein Vertrauensverhältnis zu den Mitarbeitern aufzubauen und ihnen zu vermitteln, dass sie sich bereits bei der Anbahnung eines Konflikts an die Führungskraft wenden können. Gute Führungskräfte merken, wenn es ihren Mitarbeitern nicht gut geht.

Fragen an Holger Lehmann

1. Wie ist die genaue Bezeichnung Ihrer Führungsposition?

   Sachbearbeitung.

2. Welcher Branche wird Ihr Unternehmen zugerechnet?

   Öffentlicher Dienst.

3. Denken Sie, dass Sie in Ihrer Position als Führungskraft handeln müssen, wenn Cybermobbing innerhalb Ihres Unternehmens stattfindet?

   Ja, unbedingt.

4. Warum denken Sie das?

   Weil Persönlichkeitsrechte gewahrt werden müssen. Außerdem hat der Arbeitgeber/Vorgesetzte eine Fürsorgepflicht seinen Mitarbeitern gegenüber. Wenn nicht gehandelt wird, könnte es Unruhe im Team geben, eventuell verliert man auch eine gute Arbeitskraft dadurch. Die Teamorientierung ist mir persönlich wichtig und könnte unter einer solchen Situation leiden.

5. Haben Sie schon einmal erlebt, dass Mobbing innerhalb Ihres Unternehmens unter Kollegen der gleichen Hierarchiestufe stattfand?

   Ich selber nicht, ist aber denkbar.

6. Haben Sie schon einmal erlebt, dass Cybermobbing innerhalb Ihres Unternehmens unter Kollegen der gleichen Hierarchiestufe stattfand? (Ja: Frage 8–15, Nein: 16–20)

   Nein, gar nicht, aber auch denkbar, wobei denkbar nicht mit „möglich“ gleichzusetzen ist, sondern mit „traue ich jemandem zu“.

Die Fragen 7-14 wurden nicht gestellt.

15. Wenn Sie erfahren würden, dass Cybermobbing zwischen zwei Kollegen derselben Hierarchiestufe stattfindet, welche Maßnahmen würden Sie mit welchem Ziel ergreifen, um das Problem zu lösen?

    Zunächst würde ich Einzelgespräche mit den beteiligten Personen führen. Möglicherweise würde ich danach ein gemeinsames Gespräch mit Betroffenem und Beschuldigtem führen. Außerdem würde ich mich bei dem Mobbingbeauftragten informieren und die persönlichen Gespräche anhand der Informationen dieses Beauftragten führen. Den sozialen Ansprechpartner unseres Unternehmens würde ich auch noch am Gespräch beteiligen. Es müssen Gründe ermittelt und Handlungsmöglichkeiten gesucht werden, wie das Verändern von Aufgaben oder Strukturen, die den Konflikt lösen. Im schlimmsten Fall muss ein Personalaustausch vorgenommen werden, möglicherweise genügt es jedoch schon, wenn man die Bordmittel ändert. Ich würde Betroffenen allerdings auch ein Treffen mit einer Selbsthilfegruppe und meine entsprechende Unterstützung dabei anbieten.

16. In welchem Stadium des Cybermobbingkonfliktes halten Sie es für sinnvoll einzugreifen (Anbahnung des Konflikts/gezielte Mobbinghandlungen)?

    Im Stadium der Anbahnung. Das setzt jedoch voraus, dass man es sofort mitbekommt. Sobald man davon erfährt, sollte umgehend gehandelt werden.

17. Warum sollte Ihrer Meinung nach in diesem Stadium eingegriffen werden?

    Je eher, desto besser. Von Anfang an.

18.	Schreibt die oberste Führungsebene vor, wie Sie beim Auftreten eines Cybermobbing falls zu handeln haben?
	Meines Wissens nach nicht. Ich gehe mal davon aus, dass es Mobbingrichtlinien gibt, die man beachten kann, weil wir auch einen Mobbingbeauftragten haben. Allerdings gibt es keine verpflichtenden Vorschriften.
19.	Welche Möglichkeiten sehen Sie in Ihrer Position als Führungskraft, um Cybermobbing unter Kollegen von vornherein weitgehend zu verhindern?
	In erster Linie ist das eine teamorientierte Personalpolitik. Es sollten Einzelgespräche geführt werden, aus denen auch hervor geht, mit welchen Charakteren bzw. Persönlichkeiten man zusammenarbeitet. Auch bei der Führungskraft muss eine entsprechende soziale Kompetenz liegen, sodass sie in Einzelgespräche auf jemanden eingehen kann, dass sie Persönlichkeiten und Charakter festmachen kann. In Krisensituationen kann man gut beobachten, wer sich wie verhält und damit Punkte des Charakters festmachen. Auffällige Menschen sollten beobachtet werden, denn als Führungskraft hat man eine Fürsorgepflicht und sollte eine optimale Personalpolitik im eigenen Team sicherstellen. Man kann es jedoch nicht gänzlich unterbinden. Neidfaktoren und schlechte Charaktere wird es immer geben, ebenso wie Anfeindungen, Diskriminierung und Schikane, wenn mehrere Menschen zusammen kommen. Je früher man es mitbekommt, desto besser ist es jedoch, da man sich schnellstmöglich dagegen wenden kann. Eine weitere Maßnahme ist es noch, seine Mitarbeiter zu Fortbildungen zu schicken. Zu Kursen, die einem den Umgang mit Konflikten beibringen. Diese Kurse sollten verpflichtend sein. Am wichtigsten ist es, als Führungskraft die Teamorientierung zu behalten.

Fragen an Richard Wehl

1.	Wie ist die genaue Bezeichnung Ihrer Führungsposition?
	Geschäftsstellenleiter.
Welcher Branche wird Ihr Unternehmen zugerechnet?	
	Banken.
2.	Denken Sie, dass Sie in Ihrer Position als Führungskraft handeln müssen, wenn Cybermobbing innerhalb Ihres Unternehmens stattfindet?
	Ja, man muss einschreiten.
3.	Warum denken Sie das?
	Das Einschreiten ist mit der Aufgabe der Führungsposition verbunden. Aber auch unabhängig von der Führungsposition sollte eingeschritten werden.
4.	Haben Sie schon einmal erlebt, dass Mobbing innerhalb Ihres Unternehmens unter Kollegen der gleichen Hierarchiestufe stattfand?
	Nein.
5.	Haben Sie schon einmal erlebt, dass Cybermobbing innerhalb Ihres Unternehmens unter Kollegen der gleichen Hierarchiestufe stattfand? (Ja: Frage 7–14, Nein: 15–19)
	Nein.

Die Fragen 7-14 wurden nicht gestellt.

15.	Wenn Sie erfahren würden, dass Cybermobbing zwischen zwei Kollegen derselben Hierarchiestufe stattfindet, welche Maßnahmen würden Sie mit welchem Ziel ergreifen, um das Problem zu lösen?
	Ich würde ein gemeinsames Gespräch mit beiden Personen führen, um den Konflikt zu lösen.
16.	In welchem Stadium des Cybermobbingkonfliktes halten Sie es für sinnvoll einzugreifen (Anbahnung des Konflikts/gezielte Mobbinghandlungen)?
	Im Stadium der Anbahnung.
17.	Warum sollte Ihrer Meinung nach in diesem Stadium eingegriffen werden?
	Bei Konflikten jeglicher Art sollte so früh wie möglich eingegriffen werden, um die Situation zu deeskalieren, da es auf diese Weise einfacher ist, wieder zu einem normalen Verhalten zurückzukehren, als wenn der Konflikt bereits ausgereift ist.
18.	Schreibt die oberste Führungsebene vor, wie Sie beim Auftreten eines Cybermobbingfalls zu handeln haben?
	Das weiß ich nicht, da es in meiner Geschäftsstelle noch nie einen solchen Fall gab.
19.	Welche Möglichkeiten sehen Sie in Ihrer Position als Führungskraft, um Cybermobbing unter Kollegen weitgehend zu verhindern?
	Regelmäßige Gespräche mit den Mitarbeitern, in denen sie auch die Möglichkeit bekommen, Probleme anzusprechen sind hilfreich, da Aggressionspotenzial in diesem Fall schon frühzeitig aus dem Weg geräumt werden kann.

Fragen an Norbert Günther

1.	Wie ist die genaue Bezeichnung Ihrer Führungsposition?
	Geschäftsführer.
2.	Welcher Branche wird Ihr Unternehmen zugerechnet?
	Marketing.
3.	Denken Sie, dass Sie in Ihrer Position als Führungskraft handeln müssen, wenn Cybermobbing innerhalb Ihres Unternehmens stattfindet?
	Selbstverständlich.
4.	Warum denken Sie das?
	Weil ich immer handele, wenn etwas unklar ist.
5.	Haben Sie schon einmal erlebt, dass Mobbing innerhalb Ihres Unternehmens unter Kollegen der gleichen Hierarchiestufe stattfand?
	Ja, früher als Verlagschef.
6.	Haben Sie schon einmal erlebt, dass Cybermobbing innerhalb Ihres Unternehmens unter Kollegen der gleichen Hierarchiestufe stattfand? (Ja: Frage 7–14, Nein: 15–19)
	Nein, bei mir im Unternehmen nicht. Allerdings in anderen Unternehmen.

Die Fragen 7-14 wurden nicht gestellt.

15.	Wenn Sie erfahren würden, dass Cybermobbing zwischen zwei Kollegen derselben Hierarchiestufe stattfindet, welche Maßnahmen würden Sie mit welchem Ziel ergreifen, um das Problem zu lösen?
	Ich würde die beteiligten Personen an einen Tisch bitten und ein Gespräch mit ihnen führen. Ich würde fragen, was das Verhalten soll und den beteiligten Personen am Ende des Gesprächs mitteilen, was ich von ihnen erwarte.
16.	In welchem Stadium des Cybermobbingkonfliktes halten Sie es für sinnvoll einzugreifen (Anbahnung des Konflikts/gezielte Mobbinghandlungen)?
	Prinzipiell in der Anbahnung. Man muss jedoch differenzieren, da leistungsschwache Mitarbeiter schnell von Mobbing reden, obwohl noch keines stattfindet. Es muss erst einmal festgestellt werden, ob es sich wirklich um Mobbing handelt.
17.	Warum sollte Ihrer Meinung nach in diesem Stadium eingegriffen werden?
	Beim Mobbing handelt es sich um eine psychologische Sache. Jeder, der mobbt, hat einen Grund für sein Verhalten. Das können unter anderem Neid und mangelndes Selbstvertrauen sein. Diese psychologischen Probleme müssen so früh wie möglich ausgeräumt werden.
18.	Schreibt die oberste Führungsebene vor, wie Sie beim Auftreten eines Cybermobbing falls zu handeln haben?
	Das kommt in der Form nie vor, weil obere Führungsebenen von Konfliktmanagement sprechen. Das Wort „Mobbing" wird in der obersten Führungsebene nicht in den Mund genommen.

19. Welche Möglichkeiten sehen Sie in Ihrer Position als Führungskraft, um Cybermobbing unter Kollegen weitgehend zu verhindern?

Man kann Cybermobbing nicht gänzlich verhindern. Wer Unruhe stiften möchte, wird das auch schaffen. Ich vertraue allerdings auf die Gespräche mit den Mitarbeitern. Außerdem muss man sich von Mitarbeitern trennen, die dem Unternehmen schaden. Respekt und Fairness dürfen untereinander immer erwartet werden und sind wichtig für ein gutes Betriebsklima.

Die 45 Mobbinghandlungen nach *Leymann*[132]

1. Angriffe auf die Möglichkeit, sich mitzuteilen

- Der Vorgesetzte schränkt die Möglichkeiten ein, sich zu äußern.
- Man wird ständig unterbrochen.
- Kollegen schränken die Möglichkeiten ein, sich zu äußern.
- Anschreien oder lautes Schimpfen.
- Ständige Kritik an der Arbeit.
- Ständige Kritik am Privatleben.
- Telefonterror.
- Mündliche Drohungen.
- Schriftliche Drohungen.
- Kontaktverweigerung durch abwertende Blicke oder Gesten.
- Kontaktverweigerung durch Andeutungen, ohne daß man etwas direkt ausspricht.

2. Angriffe auf die sozialen Beziehungen

- Man spricht nicht mehr mit dem/der Betroffenen.
- Man läßt sich nicht ansprechen.
- Versetzung in einen Raum weitab von den Kollegen.
- Den Arbeitskollegen/innen wird verboten, den/die Betroffene/n anzusprechen.
- Man wird „wie Luft" behandelt.

3. Auswirkungen auf das soziale Ansehen

- Hinter dem Rücken des Betroffenen wird schlecht über ihn gesprochen.
- Man verbreitet Gerüchte.
- Man macht jemanden lächerlich.
- Man verdächtigt jemanden, psychisch krank zu sein.
- Man will jemanden zu einer psychiatrischen Untersuchung zwingen.
- Man macht sich über eine Behinderung lustig.
- Man imitiert den Gang, die Stimme oder Gesten, um jemanden lächerlich zu machen.
- Man greift die politische oder religiöse Einstellung an.
- Man macht sich über das Privatleben lustig.
- Man macht sich über die Nationalität lustig.
- Man zwingt jemanden, Arbeiten auszuführen, die das Selbstbewußtsein verletzen.
- Man beurteilt den Arbeitseinsatz in falscher und kränkender Weise.
- Man stellt die Entscheidungen des/der Betroffenen in Frage.
- Man ruft ihm/ihr obszöne Schimpfworte oder andere entwürdigende Ausdrücke nach.
- Sexuelle Annäherungen oder verbale sexuelle Angebote.

---

[132] Übernommen aus *Leymann, Heinz*, Mobbing, Psychoterror am Arbeitsplatz und wie man sich dagegen wehren kann, Reinbek (Rowohlt) 14. Aufl. 2009, 33-34.

4. **Angriffe auf die Qualität der Berufs- und Lebenssituation**
   - Man weist dem Betroffenen keine Arbeitsaufgaben zu.
   - Man nimmt ihm jede Beschäftigung am Arbeitsplatz so daß er sich nicht einmal selbst Aufgaben ausdenken kann.
   - Man gibt ihm sinnlose Arbeitsaufgaben.
   - Man gibt ihm Aufgaben weit unter seinem eigentlichen Können.
   - Man gibt ihm ständig neue Aufgaben.
   - Man gibt ihm „kränkende“ Arbeitsaufgaben.
   - Man gibt dem Betroffenen Arbeitsaufgaben, die seine Qualifikation übersteigen, um ihn zu diskreditieren.

5. **Angriffe auf die Gesundheit**
   - Zwang zu gesundheitsschädlichen Arbeiten.
   - Androhung körperlicher Gewalt.
   - Anwendung leichter Gewalt, zum Beispiel um jemandem einen „Denkzettel“ zu verpassen.
   - Körperliche Mißhandlung.
   - Man verursacht Kosten für den/die Betroffene, um ihm/ihr zu schaden.
   - Man richtet physischen Schaden im Heim oder am Arbeitsplatz des/der Betroffenen an.
   - Sexuelle Handgreiflichkeiten.